FRANCA
SERAFINI

DOTT. EWALD GERHARDT
CLAUDIO ROSSI

FUNGHI

Identificazione certa delle specie con Identi-Tris

Indice

Note generali sui funghi

Sulla base delle attuali conoscenze si può dire che i funghi, analogamente alle piante e agli animali, costituiscono un regno a sé. Quel che più li differenzia dalle piante verdi è la mancanza di clorofilla; inoltre le pareti delle loro cellule non sono costituite da cellulosa, ma da chitina. I funghi, non potendo creare per fotosintesi i propri nutrienti, li traggono da altri organismi, in prevalenza morti, che decompongono, divenendo così indispensabili nel ciclo biologico della natura. La vita dei funghi è strettamente e in vario modo legata a quella delle piante, degli animali e anche dell'uomo; essi possono attaccare altri esseri viventi (parassitismo, micosi), ma anche fornire sostanze preziose per combattere le malattie (farmaci, antibiotici). I lieviti e le muffe non guastano solo i cibi, ma consentono anche all'uomo di preparare importanti e gustosi alimenti (pane, formaggio, vino, birra).

Oggetto di questo libro sono soprattutto i cosiddetti **macromiceti**, funghi dai grandi corpi fruttiferi da sempre raccolti per la gioia del palato, ma che possono causare avvelenamenti anche gravi in mancanza di opportune conoscenze. Il fungo vero e proprio è costituito da un intreccio generalmente incolore di sottili filamenti cellulari (**ife**), denominato **micelio**. Il micelio, che rifugge la luce, si sviluppa in vari substrati: nel terreno, nel legno vivo o morto, sotto foglie marcescenti, in animali o, più raramente, in altri funghi. Noi possiamo intuirne la presenza perché, in determinate condizioni favorevoli, il micelio produce dei corpi fruttiferi (**carpofori**) che uscendo dal substrato diventano visibili. Il corpo fruttifero serve alla riproduzione e diffusione della specie, che avviene tramite **spore**, prodotte in determinati ricettacoli del carpoforo, differenti da specie a specie.

Il micelio bianco di una *Lepista nuda* (agarico violetto), qui sviluppatosi sul lato inferiore di foglie morte.

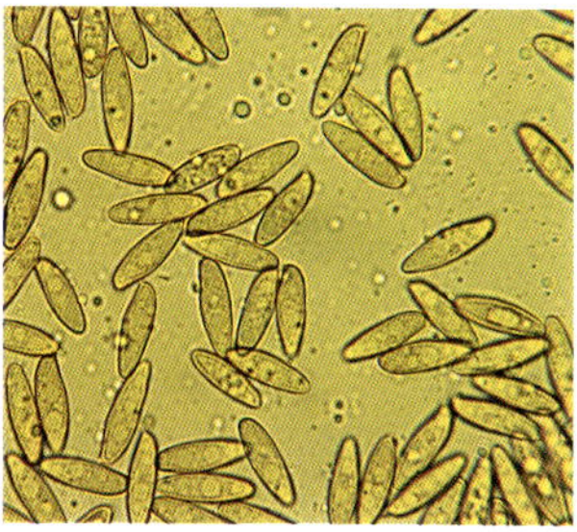

Spore di *Boletus edulis* (brisa, porcino)

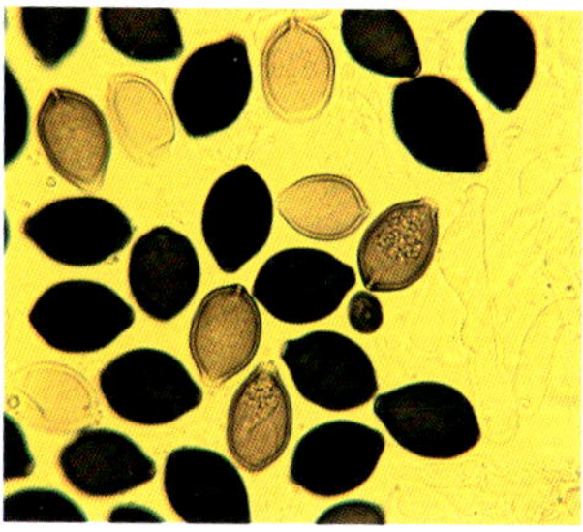

Spore di *Panaeolus campanulatus*

La loro dimensione è dell'ordine di qualche millesimo di millimetro; ciò ne consente una facile dispersione da parte del vento quando si liberano dal corpo fruttifero maturo. In alcune specie la diffusione delle spore avviene anche a opera d'insetti o mammiferi. In condizioni favorevoli la spora può germinare, dando origine a un nuovo micelio.

I più importanti funghi mangerecci appartengono a due grandi classi: i **Basidiomiceti** e gli **Ascomiceti**. Nei primi le spore si formano in microscopiche cellule a forma di clava (**basidi**), dotate solitamente di quattro escrescenze (**sterigmi**), ognuna delle quali sorregge una spora. Negli ascomiceti invece le spore si formano in minuscole sacche (**aschi**), contenenti solitamente otto spore.

Basidio di *Laccaria laccata*. Si distinguono chiaramente i quattro sterigmi a forma di corno, da cui sono già cadute le spore.

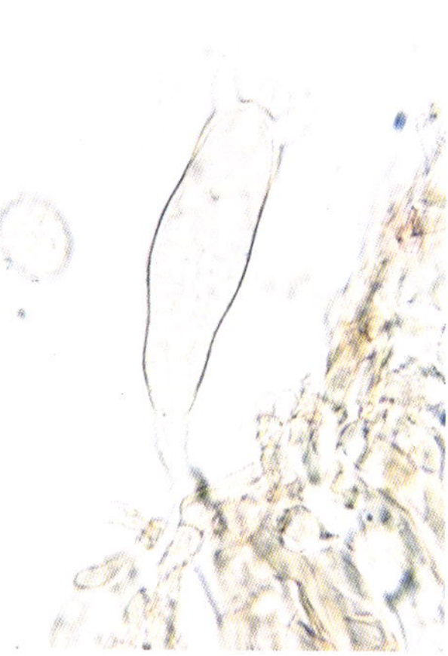

Aschi di *Helvella crispa*. A maturazione avvenuta le spore ellittiche vengono espulse dall'asco.

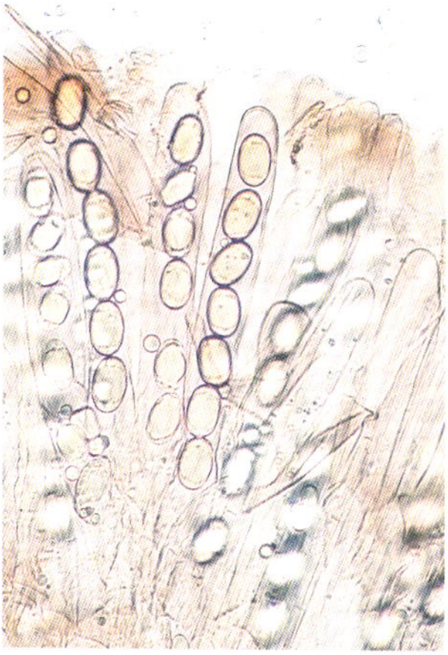

I basidi e gli aschi si sviluppano fitti formando uno strato (**imenio**) che riveste la superficie di un ricettacolo (**imenoforo**); questo può essere costituito da lamelle, pseudolamelle, tubuli, pori, aculei o essere addirittura completamente liscio. Grazie alla sua particolare struttura l'imenoforo presenta una superficie molto estesa, potendo così ospitare un gran numero di spore. Pure le vesce (sottoclasse dei Gasteromiceti) appartengono ai basidiomiceti. I loro basidi però non si trovano in un ricettacolo esterno al carpoforo, ma si sviluppano sino alla maturazione all'interno del corpo fruttifero (**gleba**).

I funghi che si nutrono di materia organica morta – detriti vegetali, legno o altro – sono detti **saprofiti**. Ad essi appartengono ad es. i generi *Lepiota, Pluteus, Volvaria, Agaricus, Hypholoma, Lepista, Melanoleuca, Clitocybe*. I funghi **parassiti** invece si nutrono di materia vivente, che si procurano attaccando altri organismi vegetali o animali. Di questa categoria fanno parte molti polipori, l'*Armillaria mellea* (chiodino) e alcune Foliote, tutti funghi che, demolendo le sostanze costitutive del legno (lignina, cellulosa), minano la stabilità degli alberi.

Un altro importantissimo gruppo di funghi è costituito da quelli che vivono in simbiosi con le piante del bosco. Il loro sottile micelio avviluppa strettamente le estremità radicali delle piante, aiutandole ad assorbire sostanze nutritive dal terreno e ottenendone in cambio materie organiche. Questo genere di simbiosi, detta **micorriza**, è tipico di un gran numero di funghi superiori, tra cui i generi *Amanita, Tricholoma, Hygrophorus, Russula, Lactarius, Cortinarius, Boletus, Cantharellus* e altri ancora. I funghi micorrizici sono indispensabili per un sano e rigoglioso sviluppo del bosco.

La grande varietà biologica dei funghi corrisponde naturalmente a quella dei loro habitat, che vanno tenuti in considerazione nel riconoscimento delle singole specie. Molti funghi mangerecci crescono soprattutto nel bosco. È lì quindi che andranno cercati, tenendo presente che la flora fungina di un bosco di latifoglie può essere assai diversa da quella di un bosco di conifere.

Il legno di questo ceppo di quercia nutre contemporaneamente due specie fungine: *Hypholoma fasciculare* (zolfino) e *Daedalea quercina*.

Tronco di betulla invaso da due funghi parassiti: *Ganoderma applanatum* e *Fomes fomentarius*.

Il *Boletus edulis* (brisa, porcino) vive in simbiosi (micorriza) con le conifere.

Molti funghi micorrizici instaurano simbiosi esclusive, prediligono come partner un solo tipo di albero. Nella tabella seguente ne proponiamo alcuni dei più frequenti:

specie fungina	**essenza arborea**
Suillus grevillei	Larice
Suillus luteus	Pino silvestre
Lactarius deterrimus	Abete rosso
Lactarius salmonicolor	Abete bianco
Hygrophorus pudorinus	Abete bianco
Leccinum quercinum	Quercia sp.
Leccinum rufum	Pioppo
Lactarius lilacinus	Ontano
Leccinum scabrum	Betulla

Ma anche la natura del terreno e soprattutto il suo pH ha una grande influenza sulla flora fungina. Il *Boletus satanas* (Porcino malefico), il *Suillus tridentinus*, il *Lactarius scrobiculatus* (Peveraccio butterato) e la *Russula cyanoxantha* (Colombina iridescente) prediligono i terreni calcarei, con pH basico o neutro. Su suolo acido prospera invece ad es. lo *Xerocomus badius* (Boleto baio), ottimo fungo commestibile, sarà quindi inutile cercarlo p.es. nei boschi dolomitici dove troviamo del terreno calcareo. Al contrario, il porcino non ha particolari preferenze in fatto di pH del terreno e quindi lo si può trovare quasi ovunque. Anche i terreni sabbiosi e le zone umide ospitano tipiche famiglie fungine.

Chi ha qualche conoscenza di botanica potrà agevolmente risalire alle caratteristiche di un terreno forestale dalla vegetazione che ospita. Il brugo o i cespugli di mirtillo nero ad es. sono indici di terreno acido, mentre la presenza dell'aglio orsino e di determinate orchidee segnala che il suolo è calcareo. Gli habitat boschivi ricchi di muschio in genere ospitano più funghi rispetto a quelli dove abbondano le piante erbacee. Comunque, anche se le conoscenze aiutano, potrà consolare sapere che persino il meno esperto potrà trovare funghi nel bosco. Esistono però determinati gruppi di macromiceti che cercheremmo invano in ambiente forestale, dato che prediligono i tappeti erbosi coltivati, i pascoli concimati, i prati asciutti e magri o le dune verdeggianti. Anche in parchi, giardini e orti i funghi spuntano copiosi.

Infine, pure le stagioni sono un importante fattore da tenere in considerazione quando si va alla ricerca di determinate specie fungine. La *Morchella esculenta* (spugnola), la *Calocybe gambosa* (fungo di S. Giorgio) o la *Disciotis venosa* compaiono solo in primavera. Il *Cantharellus cibarius* (gallinaccio, finferlo) è un tipico fungo estivo, mentre altri, come ad es. il *Pleurotus ostreatus* (gelone) e la *Helvella infula* (spugnola mitrata) fruttificano prevalentemente nel tardo autunno. Ma pure l'inverno ha i suoi funghi. La *Flammulina velutipes* (agarico vellutato), discreto commestibile, sviluppa i suoi corpi fruttiferi nella stagione fredda e non è raro trovarlo nel periodo natalizio, o anche più tardi, su tronchi marcescenti. Va fatta eccezione per i funghi che crescono in zona mediterranea e nella macchia, dove le condizioni climatiche particolari consentono la crescita dei corpi fruttiferi in periodi non consueti, ad esempio d'inverno, periodo dove la pioggia cade con più abbondanza.

Funghi e animali

Il rapporto tra i funghi superiori e molti gruppi di animali è di varia natura e in molti casi d'importanza vitale per entrambi. In particolare certi insetti eleggono spesso i voluminosi corpi fruttiferi dei funghi a propria dimora, o vi depongono le loro uova per proteggerle e offrire nutrimento alla discendenza. Esiste forse un cercatore di funghi che non abbia mai fatto la spiacevole esperienza di trovare qualche splendido esemplare infestato da un esercito di larve? Persino quelli più giovani non di rado già si presentano con la carne traforata da minigallerie scavate dai famelici vermetti; nell'*Amanita rubescens* (tignosa vinata) ad es. esse assumono una colorazione rossastro-vinosa, buon indizio per riconoscere la specie. Con un po' d'invidia dobbiamo constatare che le larve di certi insetti (soprattutto mosche) si cibano tranquillamente anche dei funghi più velenosi.

Pure le lumache, attive soprattutto di notte, sono delle gran divoratrici di funghi e pur non essendo veloci, spesso raggiungono il loro obiettivo prima dei fungaioli. Soprattutto nei periodi secchi le tracce bianco-argentate di muco che lasciano al loro passaggio sono particolarmente evidenti. Alcune specie fungine si difendono secernendo sostanze mucillaginose sulle superfici di gambo e cappello, battendo per così dire le lumache con le loro stesse armi. La difesa più efficace contro gli indesiderati molluschi però è costituita dalla emanazione di acido cianidrico, prodotto ad es. da alcune specie del genere *Clitocybe* o dal *Marasmius oreades* (gambesecche). Ne bastano delle quantità minime, assolutamente innocue per l'uomo, per tenere lontani i voraci animaletti.

Al taglio la carne di questa *Clitocybe nebularis* (agarico nebbioso) si rivela chiaramente infestata da larve.

A questo *Lactarius mitissimus* una lumaca nera ha già divorato quasi mezzo cappello.

Sullo strato di tubuli e sul gambo di questo porcino delle lumache hanno lasciato evidenti tracce del loro banchetto.

Ma anche i mammiferi di tanto in tanto si cibano di funghi. Mi è già capitato di osservare degli scoiattoli rosicare il cappello di una *Russula xerampelina* (ha la carne che odora d'aringa) tenendolo tra le zampe anteriori. Quando dei roditori come le lepri e i topi affondano i loro incisivi nel cappello di un fungo vi lasciano delle tipiche scanalature doppie.

I cinghiali, caprioli o cervi scavano volentieri il terreno alla ricerca di funghi ipogei (tartufi), di cui sono ghiotti. Determinate sostanze aromatiche sintetizzate dai miceti addirittura li attraggono. E ci sono spore di certi gruppi fungini che riescono a germinare solo dopo essere passate per l'intestino di qualche mammifero.

Un'altra forma di trasporto delle spore è attuata dagli insetti. Ad es. il noto *Phallus impudicus* (satirione) e i suoi simili presentano un cappello ricoperto da una gleba vischiosa contenente le spore, che emana un penetrante odore di carne putrefatta o escrementi. Ciò attira **mosche** e **necrofori**, che se ne cibano. Nel volar via essi portano con sé, appiccicate alle zampe, grandi quantità di spore, che si disperderanno poi nell'ambiente.

Le argentee tracce di muco svelano i contorti percorsi di varie lumache, che hanno esplorato il ceppo alla ricerca di funghi.

Le mosche si posano volentieri sui satirioni, attratte dal pungente fetore di carne putrefatta emanato dalla loro massa sporale matura.

Il *Ganoderma applanatum* presenta spesso nella parte inferiore numerose escrescenze (galle), provocate da un parassita.

La relativa diffusione del satirione e la velocità di propagazione del *Clathrus ruber*, che si avvale degli stessi meccanismi di diffusione, dimostrano l'efficacia di questo rapporto reciproco.

Alcune specie di **coleotteri** si sono specializzate nel vivere nei o sui funghi. Spesso abitano i corpi fruttiferi dei polipori più longevi, come rivela la presenza dei loro minuscoli escrementi. Tra le chiare lamelle della *Gymnopus driophylus* non è raro scoprire una miriade di piccoli stafilinidi neri (fam.: coleotteri). Scuotendo il fungo energicamente si noterà come essi si lascino cadere tutti nello stesso istante, quasi a comando. Un insetto della stessa famiglia, ma di dimensioni maggiori, scava corridoi tra le lamelle dell'*Agrocybe praecox* (Foliota primaticcia) e si lascia scacciare solo controvoglia dalla sua dimora. Particolarmente appariscenti sono le tipiche **galle** del *Ganoderma applanatum*, provocate da una **mosca** che deposita le proprie uova solo nei carpofori di questa specie. Le escrescenze brune a forma di capezzolo da cui sguscia l'insetto maturo si formano di regola nella parte inferiore biancastra di questo poliporo.

Caratteri distintivi dei funghi

Per riconoscere le singole specie di macromiceti, meno ricchi di caratteri distintivi rispetto alle piante e agli animali, ci si basa sull'esame morfologico dei corpi fruttiferi. Esistono però dei gruppi di funghi difficilmente identificabili al solo esame visivo, vuoi a occhio nudo o con la lente d'ingrandimento. Per identificarli con certezza i micologi ricorrono soprattutto al microscopio. Esso, grazie al suo potere d'ingrandimento, permette infatti di vederne le microscopiche spore, che si differenziano per forma, grandezza e altre caratteristiche da specie a specie. Anche la natura della superficie sporale (liscia, ruvida, granulosa, aculeata, verrucosa ecc.) può dare indicazioni preziose per la classificazione sistematica di un esemplare. Al microscopio si possono inoltre analizzare particolari cellule che si trovano nelle lamelle, nel gambo o nella pellicola del cappello, dopo averle messe in risalto con sofisticate tecniche di colorazione.

Per raccogliere la polvere sporale di un fungo basta porne, su un foglio di carta bianco, il cappello privo di gambo con le lamelle rivolte verso il basso.

La polvere sporale del *Gymnopilus penetrans*, di color ruggine, ha riprodotto la struttura delle lamelle.

Non ci dilungheremo oltre su questo aspetto, dato che tutte le specie fungine presentate in questo libro sono facilmente riconoscibili a occhio nudo. Ci soffermeremo invece sui caratteri distintivi (con relativa terminologia) delle singole specie. I **funghi** (termine che da ora in poi useremo per **corpi fruttiferi dei funghi**) che maggiormente interessano i cercatori sono formati da un cappello a forma d'ombrello, sorretto da un gambo più o meno centrale. Nel lato inferiore del cappello si trova l'imenoforo, costituito da lamelle, tubuli, aculei o pronunciate venature (pseudolamelle), dove, come già detto, si formano le spore.

Lo si può dimostrare con un semplice esperimento. Basta porre il cappello di un fungo, separato dal gambo, su un foglio di carta bianca con le lamelle rivolte verso il basso e poi coprirlo. Dopo alcune ore vedremo la polvere sporale depositatasi sul foglio secondo un disegno che ricalca la struttura delle lamelle.

Le lamelle »libere« di *Agaricus arvensis* sono chiaramente riconoscibili in sezione verticale.

Il collare delle *Macrolepiota* separa nettamente le lamelle dal gambo.

Le lamelle del *Panaeolus campanulatus* sono »annesse in alto« al gambo.

Lamelle »largamente adnateinato-uncinate« del *Tricholoma sulphureum* (agarico zolfino)

La cosa acquista particolare evidenza nel caso di funghi a spore scure (melanosporei, ocrosporei).

Il colore della polvere sporale (spore in massa) viene indicato per ognuna delle specie presentate in questo volume. Esso può essere molto utile nella loro determinazione. Nel caso dei funghi senza lamelle, aculei o tubuli le spore si possono formare o su tutta la superficie esterna del corpo fruttifero (*Clavariacee, Caloceracee*), o su parti di esso (*Pezizacee, Morchellacee, Helvellacee*), o anche al suo interno (*Lycoperdacee*).

Nei funghi a lamelle bisogna osservare se esse si inseriscono sul gambo o se invece ne restano distanti (**libere**). Nelle *Macrolepiota* le lamelle sono nettamente separate dal gambo da un **collare**. A seconda del tipo di inserzione sul gambo le lamelle si definiscono **annesse, smarginate, adnate, decorrenti, secedenti, uncinate, arrotondato-appressate** ecc.

In questo libro i tipi di lamelle tra cui scegliere per la classificazione sono, per ragioni di semplicità, limitati a quattro: **libere, adnate, annesse e decorrenti**.

Le lamelle »sinuato-smarginate« del *Tricholoma equestre* creano una specie di »fossato« attorno al gambo.

Le lamelle della *Lepista flaccida* »decorrono« chiaramente lungo il gambo.

I generi *Lactarius e Russula*, pur presentando delle lamelle nel lato inferiore del cappello, sono solo lontanamente imparentati con i funghi a lamelle veri e propri. La loro carne è formata essenzialmente da cellule arrotondate, che le danno una consistenza tenera e friabile (cassante). Dato che le russule in genere si presentano con cappelli dai colori vivaci e i lattari secernono lattice al taglio o alla frattura, i due generi sono facilmente identificabili; tuttavia non sempre è facile distinguere tra loro le singole specie.

Per togliersi d'impaccio il raccoglitore di funghi mangerecci potrà utilmente avvalersi del senso del gusto, **assaggiandone** la carne. Basta masticare per qualche secondo un pezzettino di fungo crudo e poi sputarlo. Le specie dal sapore acre, senza un particolare trattamento preventivo, non si prestano a scopi culinari. Altre specie si caratterizzano per un particolare gusto di farina, oppure amaro. Se assaggiamo ad es. un pezzetto di *Armillaria mellea* (chiodino) dopo qualche istante un raschio alla gola associato a un vago sapor di sapone ci confermerà che si tratta effettivamente di questo apprezzato commestibile. Tuttavia, nel caso di specie molto velenose, come ad esempio alcune amanite (*A. phalloides, A. verna, e A. virosa*), dei generi *Inocybe, Lepiota, Cortinarius,* della *Galerina marginata* e della *Gyromitra esculenta* (falsa spugnola) non è consigliabile ricorrere alla prova di assaggio. Qui per la determinazione ci si potrà avvalere dell'olfatto come senso alternativo al gusto.

Gli **odori** dei funghi sono svariatissimi e molto caratteristici. In questo libro sono sempre indicati quelli più evidenti e particolari, per ogni specie. Si va dall'odore di anice, mandorle amare, susine, frutta fermentata, fiori, cacao, a quello di farina rancida, pesce, cetriolo, cavolo marcio, aglio, acetilene, carne putrefatta, escrementi e altro ancora. Vale la pena di addestrare il proprio naso a distinguerli e riconoscerli bene.

Sui corpi fruttiferi si possono osservare svariati caratteri distintivi. Il **colore del cappello** è assai variabile, spesso legato al luogo di crescita del fungo; ciò vale anche nell'ambito di una stessa specie. In alcune famiglie, in genere caratterizzate da scarsa consistenza carnosa, il colore dei cappelli cambia al variare dell'umidità in essi contenuta: quelli umidi si presentano più scuri di quelli asciutti. In linguaggio micologico si dice che sono »**igrofani**«. Nel luogo di crescita talvolta è possibile osservare degli esemplari bicolori. Anche la **superficie esterna** di gambi e cappelli merita una particolare attenzione: può essere, viscida, vischiosa, appiccicosa, asciutta, liscia, ruvida, squamosa, tomentosa, pruinosa ecc. Sulla pellicola del cappello possono restare residui del velo generale (squame, verruche), mentre l'**orlo** può presentarsi striato radicalmente, striato per trasparenza o liscio. In certe specie sul bordo esterno dell'orlo compaiono prolungamenti irregolari a frangia (orlo appendiculato), residui di veli, che vanno tenuti sempre in considerazione.

I cappelli »igrofani« della *Psathyrella murcida* spesso si presentano bicolori nel luogo di crescita.

Il colore di lamelle, tubuli, pori o aculei, che si trovano sotto il cappello, spesso è influenzato in modo determinante dalla colorazione della polvere sporale in essi contenuta. Anche la loro forma, ampiezza o spessore differisce da specie a specie. Valutare se le lamelle, i tubuli o i pori si presentano radi o fitti è questione d'esperienza. Nei boleti e polipori ad esempio la **larghezza dei pori** varia da 0,1 ad alcuni millimetri. La forma della loro imboccatura può essere perfettamente tonda, angolosa, o fessurata. Non è detto poi che tutti i tubuli finiscano alla stessa altezza. In certi boleti sono di lunghezze disuguali e in tal caso si definiscono **gradinati**.
Anche la forma delle lamelle è assai varia. Molte si sviluppano come la lama di un coltello radialmente dal gambo al margine del cappello. In prossimità dello stesso, può succedere che le lamelle siano intercalate da **lamellule**, di lunghezza inferiore, che terminano distanti dal gambo per mancanza di spazio. Talvolta sia le lamelle che le pseudolamelle presentano delle biforcazioni, oppure grosse vene trasversali (anastomosi) che le congiungono parzialmente. L'orlo delle lamelle può essere lineare (integro), seghettato, intagliato o ricoperto da una fascia di natura diversa (orlo eteromorfo). In tal caso, osservandolo con la lente d'ingrandimento, si potranno notare delle fioccosità dovute alla presenza di cistidi, cellule sterili dalla forma allungata. In molti coprini spesso nel fungo maturo le lamelle addirittura mancano perché si dissolvono in una massa semiliquida nerastra. Resta solo il gambo, altro importante elemento di riconoscimento dei funghi, delle cui caratteristiche morfologiche tratteremo ora.
La forma e la lunghezza del gambo, oltre a essere influenzate dall'habitat e dalle condizioni atmosferiche, sono soggette a molte variazioni. Un fungo che cresce nell'erba alta presenta un gambo più lungo di un suo simile che si sviluppa in un terreno privo di vegetazione. Tuttavia anche nel **gambo** si possono individuare dei tratti distintivi decisivi per la determinazione della specie. I gambi possono essere carnosi, pieni o cavi, glabri, fibrosi, cartilaginei, squamosi o pruinosi, secchi o viscosi. Spesso la superficie esterna presenta residui di un velo parziale, steso tra cappello e gambo a proteggere l'imenoforo nell'individuo giovane. Questi residui possono essere membranosi (**anello**, pendulo), oppure finemente filamentosi (**cortina**).

Anche la parte inferiore del gambo fornisce importanti dettagli per una corretta classificazione. In alcuni gruppi di funghi è bulbosa; ma può anche essere fusiforme o radicante. In alcune amanite il bulbo si presenta inguainato da una membrana dalle varie forme (a sacco, dissociata in anelli, circoncisa ecc.), che prende il nome di **volva**. Sono i resti di un velo generale che avvolgeva tutto il corpo fruttifero nel primissimo stadio di sviluppo.

Possiamo notare come la carne di certi funghi cambia vistosamente di colore al taglio, al tocco o allo sfregamento, **virando** al rosso, blu, verde, giallo o nero per effetto di una reazione chimica, in genere passeggera, tra alcune sostanze presenti nel fungo e l'ossigeno dell'aria; un fenomeno che merita la nostra attenzione. Inoltre, usando determinati reagenti chimici, si possono provocare nella carne dei funghi delle reazioni cromatiche utili ai fini della loro classificazione. Dato che però molte di queste sostanze sono tossiche, non ce ne occuperemo né in questa sede, né nella descrizione delle singole specie.

Raccolta e utilizzo dei funghi

Al giorno d'oggi i funghi non sono più raccolti a scopo prevalentemente alimentare. Tuttavia per molti cercatori e conoscitori di funghi questo aspetto resta preminente, almeno sino al momento in cui, affascinati dalla loro grande varietà e bellezza e presi dalla passione classificatoria, non lo relegano in secondo piano o semplicemente lo dimenticano. Va anche detto che, oggi come oggi, i funghi compaiono sempre più frequentemente sulle nostre tavole, anche in virtù del fatto che se ne possono trovare diverse qualità coltivate (Champignon, Pleurotus, Shitaki) sia nei supermercati che dal fruttivendolo.

Nel frattempo abbiamo imparato che consumare funghi mangerecci può far bene alla salute. Questo perché contengono vitamine, microelementi, fermenti digestivi o proteine. Senza considerare il piacere per il palato regalatoci dalle loro sostanze aromatiche. Secondo le più recenti acquisizioni della medicina, pare che giovino pure al sistema immunitario. In ogni caso, anche la raccolta di funghi mangerecci selvatici presenta aspetti largamente positivi, nonostante molti *media* tendano spesso a presentarli come pericolosi ricettacoli di sostanze inquinanti presenti nell'ambiente. Le lunghe camminate all'aria fresca e salubre del bosco, il piacere della ricerca coronata da successo e il confrontarsi con un aspetto così variegato della natura fa della raccolta dei funghi un hobby tra i più interessanti.
Il cercatore di funghi modello trasporta il frutto delle sue ricerche in un **cestino** arieggiato, dove i saporiti miceti non si schiacceranno e potranno respirare. Contenitori come secchielli o sacchetti di stoffa andrebbero usati solo in casi eccezionali. Mai usare buste di plastica in condizioni di caldo umido estivo, che potrebbero causare un'accelerata decomposizione di certe proteine contenute nei funghi, rendendoli tossici.
Le specie più comuni si possono raccogliere separando con un coltello il corpo fruttifero dalla parte inferiore del gambo. Tuttavia, i porcini dal gambo piuttosto grosso conviene levarli tutt'interi dal terreno con una leggera rotazione dato che, soprattutto negli individui giovani, il gambo costituisce la parte preponderante dell'intero carpoforo. La piccola cavità che ne risulta va ricoperta con cura, per proteggere dalla luce il delicato micelio sottostante. Questo modo di procedere va adottato anche con i funghi non ben conosciuti, perché alla base del gambo si trovano spesso degli elementi morfologici utili alla determinazione della specie. I miceti lignicoli in linea di massima è meglio asportarli a taglio, dato che quasi sempre se ne utilizza il solo cappello. Si consiglia di pulire sommariamente i corpi fruttiferi già nel bosco, magari con un buon temperino, liberandoli dai resti di humus o terriccio e togliendo eventuali pellicole viscose dai cappelli. I funghi sconosciuti o velenosi, raccolti a qualunque scopo, vanno collocati nel cestino separatamente dagli altri. Si potrà usare un foglio d'alluminio come divisorio, qualora non si disponga di un contenitore apposito.
Stabilire per ogni fungo commestibile quale sia lo stadio di sviluppo migliore è un fatto d'esperienza. Comunque l'ideale è che l'esemplare non sia né troppo giovane, né troppo vecchio. I cappelli che cedono come una spugna bagnata o un batuffolo di bambagia a una leggera pressione delle dita sono da scartare.

Un cestino pieno di porcini, boleti bai, porcinelli rossi e gallinacci è l'orgoglio di ogni cercatore di funghi.

Nei funghi dalla carne molle (generi *Leccinum, Xerocomus, Suillus*) questo stadio può essere raggiunto in breve tempo. Quello che non si porta a casa va lasciato intatto nell'ambiente naturale. Non c'è nulla di più brutto di un bosco disseminato di funghi divelti, calpestati o fatti a pezzi da persone poco sensibili e maleducate.

Giunti a casa, il bottino va disteso su un piano all'ombra e poi avviato alla cucina quanto prima, meglio se il giorno stesso della raccolta. Nella maggior parte dei casi è necessario lavare i corpi fruttiferi, avendo cura però di non abbondare con l'acqua per evitare che s'inzuppino. I funghi si cuociono bene a fuoco vivo. Inoltre, per ogni specie mangereccia presentata in questo libro è espressamente indicato se essa necessita di un particolare trattamento culinario preventivo (p.es. bollitura con eliminazione dell'acqua di cottura). Nello scomparto verdure del frigorifero i funghi di buona qualità si conservano al massimo per tre giorni, dopodiché vanno assolutamente consumati.

Due sono i sistemi di conservazione dei funghi che oggi vanno per la maggiore: l'**essiccazione** e il **congelamento**. Le specie che meglio si prestano a essere essiccate sono quelle più aromatiche. I funghi, puliti ma non lavati con acqua, vanno tagliati a fette sottili e messi a seccare per bene. A questo scopo si può usare sia un calorifero, oppure un essiccatore elettrico, o anche un forno (meglio se ventilato) regolato a temperatura piuttosto bassa. Se si superano i 40-45°C infatti le fette diventano vetrose e di color marrone. Una volta essiccati con la necessaria cura i funghi non debbono più stare esposti all'umidità dell'aria; perciò vanno subito messi in un sacchetto di plastica chiuso ermeticamente o in altri contenitori più solidi che non lascino passare aria. E se tutto è stato fatto secondo le regole, i funghi secchi si conserveranno per diversi anni.

Nell'era del frigorifero si ricorre volentieri al congelamento. Questo sistema è particolarmente indicato per le specie a carne soda. Si prendono i cappelli mondati, interi o tagliati a pezzi grossolani degli individui più giovani e si sbollentano in acqua salata. Aggiungendo un punta di acido citrico si migliora la conservazione. I funghi vengono poi scolati, raffreddati in acqua fredda e sgocciolati. Infine, suddivisi in porzioni, vengono messi in sacchetti di plastica sigillati e congelati rapidamente. Il procedimento garantisce una conservazione di sei mesi.

Vogliamo ancora aggiungere che i gallinacci (finferli) non sono indicati né per l'essiccazione, né per il congelamento. Una volta essiccati infatti assorbono pochissima acqua, per cui restano tenaci. Congelandoli invece possono assumere un sapore amarognolo. Contrariamente a quanto si crede, se avanzano dei funghi si posso tranquillamente mettere in frigorifero per consumarli riscaldati in un secondo momento.

Avvelenamenti da funghi

Ogni anno puntualmente si verificano avvelenamenti da funghi. Questo a dispetto della costante opera di informazione svolta in merito dai media, dalle scuole, dagli organi preposti alla tutela della salute pubblica e dalle associazioni micologiche. Purtroppo si ripetono anche gli avvelenamenti mortali provocati dall'ingestione di *Amanita phalloides* (tignosa verdognola) e delle due specie affini, l'*Amanita verna* (tignosa di primavera) e l'*Amanita virosa*. All'origine di questi tragici eventi in genere c'è un po' di superficialità, la sopravvalutazione delle proprie conoscenze o la completa ignoranza in materia di funghi da parte di certi cercatori. Pertanto il primo principio a cui attenersi è: **consumare solo funghi perfettamente conosciuti e dichiarati commestibili dalla moderna letteratura micologica**. È bene che il cercatore alle prime armi faccia confermare l'esattezza delle proprie classificazioni ad es. da un ispettore micologico, o da un altro esperto di fiducia. In caso di sintomi di avvelenamento, bisogna attenersi ad un'altra importante regola di comportamento: chiamare subito un medico oppure recarsi al pronto soccorso, portando con sé eventuali resti dei funghi ingeriti per permetterne l'identificazione. Di solito il medico non è un micologo, ma sa a chi rivolgersi per fare analizzare quanto prima il materiale sospetto. Questo aspetto è fondamentale in caso di avvelenamenti falloidei, in cui ogni possibilità di sopravvivenza è legata a una diagnosi tempestiva. In ogni caso, non tutti i malesseri che insorgono dopo aver mangiato funghi coincidono necessariamente con i primi sintomi di un pericoloso avvelenamento. A prescindere da certi fenomeni di autosuggestione e dal fatto che di per sé i funghi sono di difficile digestione, va detto che alcune persone non tollerano determinate specie, normalmente commestibili e solitamente innocue. Questa intolleranza individuale va tenuta in debita considerazione; chi ne soffre dovrà ovviamente astenersi dal consumare le specie che la provocano. È risaputo che il *Paxillus involutus* e pochi altri funghi, pur venendo cucinati come si conviene, scatenano in certi soggetti delle forme allergiche. Il *Coprinus atramentarius* e la *Clytocibe clavipes* invece possono provocare disturbi e reazioni allergiche quando il loro consumo è accompagnato da assunzione di alcolici. Recentemente è stato messo sotto accusa anche il *Tricholoma equestre*, che a detta di certi tossicologi francesi sarebbe responsabile di patologie muscolari e persino di avvelenamenti mortali (sindrome rabdomiolitica). Lo studio, effettuato dai ricercatori francesi dell'Università di Bordeaux, è stato pubblicato il 13 settembre 2001 sulla famosa rivista internazionale di medicina "The New England Journal of Medicine". Anche in Polonia nel 2002 sono stati segnalati due casi con decorso favorevole. In Italia non sono ancora verificati avvelenamenti gravi a riguardo, comunque, essendo il Tricholoma equestre un fungo presente nella lista pei funghi commerciabili, è stato recentemente tolto da tale lista.

Per quanto riguarda il tipo e la gravità dell'avvelenamento che provocano, i funghi realmente tossici si possono suddividere in tre gruppi.
Il primo comprende specie le cui tossine agiscono sull'apparato digerente, senza gravi conseguenze (**sindrome gastro-intestinale**). Il loro consumo provoca in breve tempo malessere, diarrea e dolori di pancia, spesso anche vomito. I veleni responsabili di tale sindrome non sono ancora completamente conosciuti. Molto pericolosa e pesante è l'azione tossica dell'*Entoloma sinuatum* (= *E. lividum*) e del *Tricholoma pardinum* (= *T. tigrinum* Agarico tigrato), che può protrarsi per qualche giorno e, nel caso di persone debilitate, portare anche alla morte.
Al secondo gruppo appartengono specie i cui tossici (acido ibotenico, muscarina e altri) hanno effetti sul sistema nervoso periferico e centrale (sindrome neurotropica). Entro un'ora dall'ingestione questi veleni provocano sudorazione profusa, ipersalivazione, turbe visive, palpitazioni e insufficienza respiratoria; successivamente spasmi e allucinazioni. In genere il paziente è fuori pericolo dopo ventiquattr'ore. Tali effetti possono essere anche causati da specie appartenenti ai generi *Clitocybe* e *Inocybe* e dall'*Amanita muscaria*. L'*Amanita pantherina* contiene notevoli quantità di tossici neurotropici, il che la rende responsabile anche di avvelenamenti mortali. Da qualche tempo a questa parte è aumentato notevolmente il consumo dei cosiddetti funghi allucinogeni. Ne fanno parte alcune specie appartenenti ai generi *Psilocybe* e *Stropharia*, contenenti psilocibina e psilocina come principi attivi tossici.
Nel terzo gruppo rientrano funghi il cui consumo, in assenza di pronta terapia medica, causa inevitabilmente **danni permanenti agli organi interni**, soprattutto al fegato e ai reni, con esito molto spesso mortale. Questo grave tipo di avvelenamento (**sindrome falloidinica**), è provocato dall'*Amanita phalloides* e dalle sue sorelle, l'*Amanita verna* e l'*Amanita virosa*. Esse contengono ciclopeptidi, sostanze con molecole formate da catene di aminoacidi legate ad anello che, in virtù della loro struttura, restano attive anche dopo la cottura. Questi tossici, che hanno un effetto devastante sul fegato, sono conosciuti sotto il nome di amatossine, fallotossine e virotossine. La loro azione è subdola poiché i primi sintomi dell'avvelenamento (malessere, vomito, diarrea) compaiono solo svariate ore (da 6 a 12) dopo l'ingestione, quando molte cellule epatiche sono ormai distrutte. Salvare pazienti con questo quadro clinico è oltremodo difficile, sicuramente quando il ricovero avviene dopo qualche giorno dall'ingestione spesso non vi è più rimedio. Spesso l'unico intervento terapeutico, dopo una completa trasfusione di sangue, resta il trapianto del fegato.
Pure in alcune lepiote di piccola taglia e in alcuni ocrosporei di piccola taglia come la *Galerina marginata* è stata riscontrata la presenza di amanitine.
Il *Cortinarius orellanus* e il simile *Cortinarius speciosissimus* (= *C. orellanoides*, = *C. rubellus*) contengono una tossina chiamata orellanina, che provoca lesioni ai tessuti renali (necrosi tubulare renale). Qui il periodo di incubazione va da 2 a 15 giorni, in casi estremi anche oltre. Negli anni '60 in Polonia si verificarono moltissimi avvelenamenti con esito anche mortale. Furono proprio i micologi polacchi a scoprire che ne era responsabile il *Cortinarius orellanus*, individuandone i veleni. Spesso il danno renale è irreversibile, cosicché l'intossicato dovrà sottoporsi alla dialisi per tutta la vita o fino al trapianto di rene. Ad oggi dopo numerose ricerche non sono stati individuati altri funghi velenosi con la presenza dell'orellanina.

Tutela dell'ambiente

Negli ultimi vent'anni le numerose ricerche nel campo micologico hanno ulteriormente confermato il ruolo fondamentale che i funghi hanno nel delicato equilibrio della natura, sia come diretti protagonisti nei vari processi biologici, sia come bioindicatori dello stato di salute del nostro patrimonio ambientale. Non bisogna però dimenticare che, al contempo, i cambiamenti climatici e l'eccessivo sfruttamento del territorio hanno messo a repentaglio molti ambienti e con loro gli esseri viventi ad essi associati, inclusi i funghi.

La maggiore concimazione della terra, la deforestazione incontrollata, la bonifica di molte zone umide, hanno fatto regredire la biodiversità in questi territori. Alcune specie fungine, un tempo molto abbondanti, sono attualmente in sensibile calo: idni, igrofori, cortinari, igrocibi, comuni funghi micorrizici di molti prati e boschi di tutta Europa, sono attualmente diventati funghi rari o perlomeno meno frequenti di una volta. Al contrario, in ambienti degradati, sono notevolmente aumentati funghi come i paneoli o le psatirelle, funghi saprofiti amanti di terreni iperazotati.

Non solo i funghi hanno avuto delle conseguenze di questi tipo, ma anche uccelli, insetti, fiori e soprattutto gli anfibi, abitanti delle zone umide, che attualmente sono le più minacciate in Europa. Per riuscire a proteggere questi organismi, e di conseguenza anche i loro ambienti, sono state istituite le **liste rosse**, elenchi di organismi che sono, a vario livello, minacciati di estinzione.

Ormai quasi tutti i Paesi della Comunità Europea (e non solo) hanno steso le liste rosse di quasi tutti gli esseri viventi minacciati, compresi i funghi; anche l'Italia ha ovviamente seguito questa direttiva anche se per i funghi non c'è ancora una lista ufficiale ma solo una bozza provvisoria. A livello europeo inoltre, tramite l'ECCF (European Council for Conservescion of Fungi), si è stilata una lista di 34 specie gravemente minacciate tra le quali il *Gomphus clavatus* (cantarello violetto) presentato in quest'opera a pagina 211.

Quando si passeggia in un bel bosco, da soli o in compagnia, alla ricerca di funghi spesso ci dimentichiamo di essere solo degli ospiti di quell'ambiente e come tali dobbiamo comportarci. Ogni essere vivente della natura, compreso il fungo, ha il diritto di essere rispettato. Spesso però tutto ciò non avviene, numerosi fungaioli hanno l'abitudine di rovesciare i funghi che non conoscono, bastonare i funghi velenosi, come la bellissima *Amanita muscaria* o raccogliere i funghi ancora troppo piccoli, limitandone in parte la loro funzione riproduttiva.
Dobbiamo cominciare a comportarci da veri abitanti e conservatori dell'ambiente, perchè solo con l'impegno di tutti potremmo consegnare un bosco sano e bello alle generazioni future.

Riconoscimento delle specie fungine tramite questo libro

Le specie fungine riprodotte e descritte in questo volume sono suddivise in 14 gruppi principali, a cui andranno inizialmente associati gli esemplari che si desidera riconoscere e classificare. Se l'associazione è corretta si potrà arrivare alla identificazione di ciascuna specie avvalendosi dei tre ulteriori e specifici caratteri distintivi (Identi-TRIS). La classificazione proposta non è strettamente scientifica, ma si basa invece su caratteristiche morfologiche dei corpi fruttiferi facilmente riconoscibili, il più possibile costanti, e comunque tipiche di ogni specie. Certi esemplari atipici, oppure cresciuti in terreni insoliti, possono discostarsi dai parametri proposti. Purtroppo nei funghi ciò si verifica assai di frequente, per cui una loro corretta classificazione richiede esperienza. **Pertanto si consiglia vivamente di consumare solo funghi dei quali si è assolutamente sicuri. Nel dubbio è meglio astenersi!** Con un po' di esercizio anche il novellino riuscirà in breve tempo ad associare con una certa sicurezza i suoi esemplari al gruppo giusto, giungendo poi alla precisa determinazione delle specie servendosi degli ulteriori criteri di riconoscimento.

Gruppi fungini

Ciascuno dei 14 gruppi principali è contrassegnato da un diverso simbolo e colore. I gruppi con caratteristiche comuni hanno lo stesso colore base di riferimento, modulato in varie tonalità. Per i diversi funghi a lamelle ad es. la gamma cromatica di riferimento è quella del blu (celeste, azzurro, blu, blu scuro, lilla); per i funghi a tubuli si sono scelte varie gradazioni di marrone, mentre per altri ancora tonalità di giallo e di verde. Al principiante in campo micologico converrà imprimersi bene in mente la definizione dei gruppi principali per avere sempre un approccio al riconoscimento corretto.

Funghi a lamelle: lamelle libere al gambo, da bianche a giallastre
Le lamelle non debbono unirsi al gambo. Per l'esame morfologico, all'inizio conviene tagliare il corpo fruttifero dall'alto in basso. Questo gruppo comprende specie le cui lamelle conservano un colore chiaro anche a maturazione completa: generi *Amanita e Lepiota* (alcune specie mortali!).

Funghi a lamelle: lamelle libere al gambo, prima bianche, poi da rosa a brune
Il genere più importante di questo gruppo è quello degli *Agaricus* (prataioli, champignon), che presentano lamelle rosacee negli individui giovani, tendenti al color cioccolato in quelli più maturi. Nei generi *Pluteus e Volvaria* le lamelle sono prima bianche; poi assumono un marcato color rosa con la maturazione. La polvere sporale è sempre concolore alle lamelle mature.

Funghi a lamelle: lamelle adnate al gambo, lignicoli

Questo gruppo comprende funghi che si sviluppano su legno morto. Si presentano spesso in gruppi o cespi su tronchi, ceppi o rami marcescenti. Talvolta paiono spuntare dal terreno; in tal caso vuol dire che il legno in cui si sono insediati e il cui stato di degrado può essere già molto avanzato, è interrato. Le lamelle, che si trovano nel lato inferiore del cappello, **debbono essere congiunte intimamente al gambo.** Per la nostra classificazione di gruppo non ha importanza né la forma di questa giunzione, né il colore delle lamelle. I più significativi generi presentati in questo gruppo sono: *Armillaria, Pholiota, Hypholoma e Psathyrella.*

Funghi a lamelle: lamelle decorrenti al gambo, terricoli

Molti funghi a lamelle sono terricoli. Rientrano in questo gruppo però **solo quelli che presentano lamelle decorrenti lungo il gambo.** Tuttavia l'estrema variabilità dei funghi ogni tanto ci riserva dei casi limite. Ad es. esistono delle *Clitocybe* le cui lamelle non sempre si presentano nettamente decorrenti. Nel dubbio bisogna prendere in considerazione anche i gruppi vicini (cfr. anche esemplari che crescono su legno sepolto). Il *Paxillus involutus*, un tipico fungo terricolo, si può trovare eccezionalmente anche su ceppi in avanzato stato di degrado.

Funghi a lamelle: lamelle annesse al gambo, terricoli

In questo gruppo troviamo funghi terricoli con **lamelle annesse al gambo, ma non nettamente decorrenti** sullo stesso. Nei *Coprinus* e in alcune *Collybia* la giunzione tra le lamelle e il gambo è molto fragile, tant'è che a volte si rompe, permettendo alle lamelle di staccarsi dal gambo stesso. Ciò può trarre in inganno il principiante, facendogli credere di trovarsi di fronte a lamelle »libere«. Anche in alcuni *Tricholoma* le lamelle, a un'osservazione superficiale, paiono tali. Esse presentano una specie di »avvallamento« nei pressi del gambo, prima di decorrere poi lungo lo stesso con un dentino. Lo si vede chiaramente in sezione verticale. Altri generi importanti di questo gruppo sono: *Entoloma, Stropharia, Inocybe, e Cortinarius.*

Funghi a lamelle: carne omogenea, cassante alla rottura con latice; lattari

Sono funghi che, pur presentando un imenoforo a lamelle, in realtà sono solo lontanamente imparentati con gli altri funghi a lamelle. Questo perché hanno dei corpi fruttiferi costituiti essenzialmente da cellule arrotondate e non fibrose. Il loro gambo si comporta di conseguenza: si rompe nettamente come del formaggio granuloso, senza presentare la tipica fibrosità che ha in altre famiglie fungine. **Se alla frattura emettono anche del latice**, appartengono sicuramente al genere *Lactarius*.

Funghi a lamelle: carne omogenea, cassante alla rottura, latice assente; russule

I funghi del genere *Russula*, dai bei cappelli vivacemente colorati, hanno la carne simile ai lattari, ma priva di latice. Le loro lamelle si rompono di netto quando si strofinano col dito. Fa eccezione la *Russula cyanoxantha*, che ha delle lamelle lardacee. Il gambo delle russule si comporta come quello dei lattari (v.s.).

Funghi a tubuli: boleti e polipori carnosi, terricoli

Qui sono raggruppati i funghi a tubuli terricoli, comprese le specie commestibili più facilmente identificabili (porcini ecc.) dal principiante. Sotto il cappello al posto delle lamelle si trova uno **strato di tubuli fitti e sottili**, detto comunemente »barba o spugna«. Nel *Albatrellus ovinus* (fungo del pane), ultimo di questo gruppo, i tubuli sono particolarmente corti e chiaramente decorrenti lungo il gambo. Tutti i rappresentanti di questo gruppo hanno **corpi fruttiferi carnosi, poco durevoli**, dalla consistenza né coriacea, né legnosa, dotati di un gambo più o meno centrale.

Funghi a tubuli: polipori da coriacei a legnosi

In genere i polipori sono raramente terricoli, preferendo invece come substrato il legno sia vivo che morto, radici comprese. Dato che questo libro è dedicato in primo luogo ai funghi commestibili e a quelli tossici, in questo gruppo sono state raccolte solo alcune tra le *Poliporacee* più diffuse. Vi sono alcune specie annuali che da giovani non hanno ancora la carne coriacea e che possono essere consumate (*Polyporus squamosus, Laetiporus sulphureus*). Le specie che si sviluppano sui tronchi d'albero hanno carpofori »sessili«, a forma di mensole appiattite, sottili o spesse, senza gambo (*Fomes fomentarius, Ganoderma applanatum*). Sono specie che possono vivere e svilupparsi sui tronchi per anni.

Funghi a pseudolamelle, pieghe ed aculei: cantarelli e idni

Tra i funghi commestibili più conosciuti accanto al porcino va annoverato certamente il *Cantharellus cibarius* (gallinaccio, finferlo, giallino). Sotto il cappello presenta delle **venature forcate** e molto decorrenti, più schiacciate e spesse rispetto a delle normali lamelle. Altre specie addirittura sviluppano solo delle **pieghe** appena accennate, che poco o nulla hanno in comune con delle lamelle vere e proprie. Il carnoso *Gomphus clavatus* ad es. andrebbe più correttamente associato alla famiglia delle Clavariacee, ma è stato collocato in questo gruppo per via del suo aspetto esteriore. Nel regno dei funghi l'ampliamento della superficie imeniale per mezzo di **aculei** è una strategia assai diffusa in svariate forme, di cui si è tenuto conto nella classificazione sistematica. Gli idni (imenio ad aculei) veri e propri possono essere carnosi o legnosi, a seconda della specie. Lo *Pseudohydnum (Tremellodon) gelatinosum*, pur presentando aculei, non è imparentato con questa famiglia, bensì con quella delle *Tremellacee*.

Funghi a forma di clava o corallo: clavarie, ramarie e calocere

Questi funghi, che si presentano a forma di clava (*Clavaria*), arboscello ramificato (*Ramaria*), cavolfiore (*Sparassis*), sono di facile riconoscimento. Qui non si può parlare di un »lato inferiore« del cappello, dato che esso è assente. Anche la *Sparassis crispa*, molto somigliante a una spugna da bagno, ha un aspetto inconfondibile. L'*Hericium coralloides*, presentato alla fine di questo gruppo, non è imparentato con le Clavariacee. Ha anch'esso una forma ramificata (pare un corallo bianco), ma cresce su latifoglia marcescente.

Funghi a forma di sfera, imenio interno: *Gasteromiceti* (vescie)

In questi funghi (Ordine: *Gasteromiceti*), **le spore si formano sempre all'interno del corpo fruttifero**, dove restano sino alla maturazione. Gli individui giovani presentano spesso carpofori globosi, tuberosi od ovoidali. I *Lycoperdon e Bovista* (chiamati comunemente »vesce«) mantengono questa forma anche da maturi, finché il rivestimento del carpoforo non si lacera, permettendo la fuoriuscita in massa delle spore. I bizzarri *Geaster* (funghi stella) debbono la loro tipica forma allo spesso esoperidio (involucro esterno), che si apre formando una stella a più punte con al centro la gleba tondeggiante.

Fallacee

In questa famiglia di funghi, anch'essa appartenente ai Gasteromiceti, lo sviluppo avviene in modo totalmente diverso rispetto ai precedenti. Da giovani i loro carpofori, già perfettamente formati, sono racchiusi in una volva gelatinosa di forma ovoidale seminterrata, volgarmente chiamate uova del diavolo. Quando matura il corpo fruttifero in breve tempo si rizza come un fallo, lacerando la volva. All'estremità superiore porta una cosiddetta »mitra«, ricoperta dall'imenio. La massa sporale al contatto con l'ossigeno dell'aria emana un odore ripugnante. Il *Phallus impudicus* (satirione) ha un penetrante odore di carne in putrefazione, mentre il più minuto *Mutinus caninus* odora di escrementi di gatto. Alla base di questi funghi si trovano sempre i resti dell'uovo primordiale. La diffusione delle spore avviene tramite insetti.

Funghi con imenio rivolto verso l'alto: Ascomiceti (morchelle, elvelle, pezize e otidee)

Gli Ascomiceti (vedi: Note generali sui funghi, pag. 7) raccolti in questo gruppo saranno facilmente riconosciuti dagli aspiranti micologi: il loro tratto distintivo comune è la **carne, esile e di facile rottura**. Le morchelle e le elvelle presentano un carpoforo con un cappello ben distinto dal gambo, mentre i corpi fruttiferi delle pezize, a forme di coppa, scodella o tazza, sono generalmente privi di gambo. La tipica forma delle otidee ricorda quella d'un orecchio di coniglio o d'asino. In alcuni casi (non contenuti in questo libro) è difficile distinguerle, dal punto di vista morfologico, dalle pezize.

Identificazione facilitata con l'»Identi-TRIS«

Per riuscire a identificare correttamente un esemplare sconosciuto è importante sapere quali sono i caratteri distintivi di cui tener conto. A questo proposito ci si potrà avvalere di quello che abbiamo chiamato **»Identi-TRIS«**, uno strumento che, con le sue foto accompagnate da relativo testo, fornisce **tre elementi** determinanti per l'**identificazione** di ogni fungo presentato.

Nell'ambito dello stesso gruppo, ogni specie fungina viene distinta dalle altre tramite una combinazione unica di sole tre fondamentali caratteristiche.

I caratteri distintivi di ogni »Identi-TRIS«, in gran parte illustrati con foto in dettaglio, debbono concordare in toto con quelli riscontrabili nel fungo da identificare. Se uno solo di essi non dovesse corrispondere o addirittura mancare, siamo probabilmente di fronte a un errore di classificazione. Soprattutto il principiante farà quindi bene a rivolgersi a persona più esperta in materia prima di giungere a conclusioni errate perché, quando si muovono i primi passi in campo micologico, la prudenza non è mai troppa.

L'»Identi-TRIS« punta a focalizzare l'attenzione del principiante sui caratteri distintivi che l'esperto considera automaticamente. Si noterà come al terzo punto dell'»Identi-TRIS« spesso si fa riferimento a caratteristiche che chiamano in causa i sensi del gusto e dell'olfatto. Questo perché nella determinazione delle specie bisogna impiegare quanti più sensi possibile. Per mezzo dell'»Identi-TRIS« s'imprimono bene in mente le caratteristiche principali delle specie fungine, condizione essenziale per un corretto approccio classificatorio, che permetterà al principiante di compiere rapidi progressi in questo campo.

Elementi dei testi descrittivi

Ogni specie è presentata col suo nome scientifico (latino), sotto cui sono riportati, più in piccolo, i relativi (eventuali) **sinonimi** e **nomi volgari**. Visto che molti funghi possiedono più di un nome volgare e dato che anche la denominazione scientifica non è univoca, la cosa può risultare utile in particolare nel confronto con altra letteratura micologica.
Per ogni specie il testo che segue all'Identi-TRIS è articolato per voci, al fine di rendere più agevoli la consultazione e il confronto tra le specie.

Nelle **caratteristiche** (voce), oltre agli **odori** o **sapori** (degli esemplari freschi) più evidenti, viene sempre indicato anche il colore della **polvere sporale (Psp.)**. Esso infatti, soprattutto nei funghi a lamelle, spesso è tipico di un genere o di una specie. La indicazione della **famiglia** di appartenenza fornisce a chi ha già un po' di esperienza un'informazione aggiuntiva.

Per quanto riguarda i funghi, accanto alle indicazioni sul loro **habitat** (voce) sono essenziali quelle che, riferite a specifiche caratteristiche, permettono un raffronto fra **specie similari** (voce) commestibili e tossiche facilmente confondibili tra loro. Esse informano il raccoglitore di funghi mangerecci dei possibili pericoli, oppure citano delle specie importanti non riprodotte in questo libro.

In ogni libro divulgativo sui funghi non possono ovviamente mancare indicazioni né sulla **commestibilità** (voce) dei vari miceti, integrate se del caso da relativi consigli culinari, né sulla loro eventuale **tossicità**. Ciò viene anche evidenziato visivamente mediante quattro diversi pittogrammi. Così il lettore potrà riconoscere a prima vista se un fungo è commestibile o meno.

Il **periodo annuale di crescita viene** indicato graficamente in una barra a piè di pagina. Per la precisione si tratta dei mesi (caselle marrone) in cui il fungo di solito produce i suoi corpi fruttiferi. Sono sempre possibili delle eccezioni, dato che, come è noto, la crescita dei funghi dipende molto dalle condizioni meteorologiche, oltre che da altri fattori. In particolare alcuni funghi tipicamente primaverili in certe annate possono anche non comparire se il tempo è sfavorevole.

Abbreviazioni e simboli

Commestibile

Tossico, sospetto

Velenoso mortale

Non commestibile

Psp.: polvere sporica

Fam.: famiglia

Macrolepiota procera

Sinonimi: Lepiota procera

Nomi volgari: Bubbola maggiore - Mazza da tamburo - Parasole - Ombrellone

Identi-Tris

1 Fungo di taglia notevole

2 Numerose squame scure sul cappello

3 Gambo screziato

Caratteristiche: cappello 10-20 cm (diametro), aperto e quasi piatto nel fungo maturo, con un umbone al centro concolore alle squame; lamelle spesso eccedenti la carne biancastra del cappello, separate nettamente dal gambo da un collare (cfr. foto pag. 13); gambo screziato da bande brune, cilindrico, cavo, con anello doppio e mobile negli individui maturi. Gli esemplari giovani quando hanno il cappello ancor chiuso ricordano le mazze da tamburo. Gradevole odore e sapore di nocciola. Psp. bianca. Fam. *Agaricaceae.*

Habitat: nei boschi radi di latifoglie e conifere, in luoghi erbosi ai margini dei sentieri, in parchi e giardini; molto comune.

Specie similari: *Macrolepiota rachodes* (vedi pag. 29) o altre *Macrolepiota* commestibili di taglia spesso poco inferiore; *Echinoderma asperum*, non commestibile (pag. 30). Attenzione alle *Lepiota* di piccola taglia (*Lepiota cristata* pag. 31 e *Lepiota clypeolaria* pag. 32), in parte assai tossiche, alle cui lamelle però manca del tutto il collare di separazione dal gambo, rimanendo comunque libere al gambo.

Commestibilità: commestibile eccellente; si può consumare impanato (come una cotoletta) o cotto al forno, ma anche fritto; si presta all'essiccazione. Il gambo è coriaceo, usare solo il cappello.

G	F	M	A	M	G	L	A	S	O	N	D

Macrolepiota rachodes

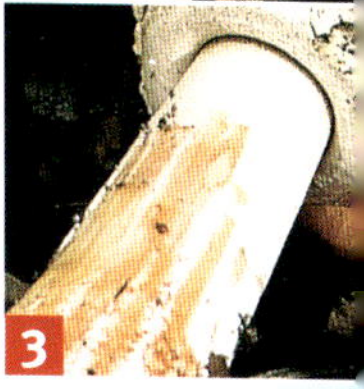

Identi-Tris

1. Cappello con squame semilanose
2. Gambo liscio, non screziato
3. Carne arrossante alla lesione

Caratteristiche: cappello 8-15 cm, da biancastro a bruno chiaro, con squame più scure, quasi lanose; lamelle bianco-crema, con filo talvolta brunastro, separate nettamente dal gambo da un collare; gambo dapprima bianco poi bruno chiaro, con superficie liscia e non screziata, cavo, con doppio anello, mobile negli individui adulti; carne arrossante al taglio, tendente a diventare rapidamente di color zafferano; odore poco pronunciato. Psp. bianca. Fam. *Agaricaceae*.

Habitat: nei boschi radi di latifoglie e conifere, in terreni ricchi di humus, parchi, orti e giardini; assai comune. Cresce sovente anche in gruppi di più esemplari, formanti cerchi, archi o righe.

Specie similari: *Macrolepiota procera* (vedi pag. 28). La varietà *hortensis*, anch'essa arrossante, è più tarchiata ma, pur essendo commestibile, dà luogo a occasionali intolleranze, di cui ancora non sono chiarite le cause.

Commestibilità: non commestibile; pur essendo menzionata in più libri come fungo commestibile, ultimamente si sono verificate numerose lievi intossicazioni, si ritiene pertanto di sconsigliarne il consumo.

☐

G	F	M	A	M	G	L	A	S	O	N	D

Echinoderma asperum

Sinonimi: Agaricus asper – Lepiota acutesquamosa – Lepiota aspera

Identi-Tris

1. Cappello con squame appuntite
2. Lamelle forcate
3. Odore sgradevole penetrante

Caratteristiche: cappello 4-12 cm, ricoperto da minute squame irte, coniche brune su fondo biancastro, che si staccano facilmente; lamelle molto fitte, in parte forcate; gambo inguainato da un velo bruno lanuginoso concolore al cappello al di sotto dell'anello membranoso ampio e sottile, al di sopra glabro e bianchiccio. Psp. bianca. Fam. *Agaricaceae*.

Habitat: nei boschi di conifere e latifoglie, in terreni soffici ricchi di humus, anche in parchi, orti e giardini; localmente assai comune.

Specie similari: si potrebbe confondere con alcune specie imparentate più minute, ad es. *Echinoderma echinacea*, quasi inodore, oppure *Echinoderma calcicola*, che cresce in terreni calcarei, entrambe non commestibili. Le *Lepiota* di grossa taglia (*Macrolepiota*) commestibili si distinguono per gli anelli carnosi, a forma di colletto e mobili negli individui maturi. Inoltre le loro lamelle sono separate dal gambo da un collare.

Nota: il fungo non è commestibile per via del suo odore e sapore sgradevole. Attenzione! Alcune *Lepiota* di piccola taglia dall'aspetto simile possono essere estremamente tossiche.

G	F	M	A	M	G	L	A	S	O	N	D

Lepiota cristata

Sinonimi: Agaricus cristatus
Nomi volgari: Lepiota crestata

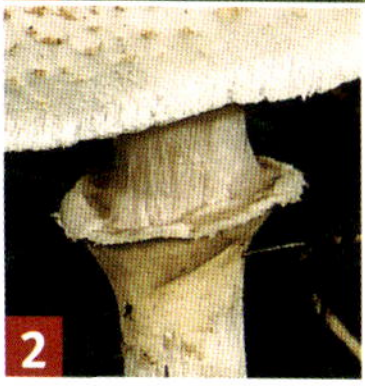

Identi-Tris

1. Cappello con squamette brune su fondo bianco
2. Gambo con anello membranoso, rivolto a imbuto verso l'alto, labile
3. Odore sgradevole penetrante

Caratteristiche: cappello 2-4 cm; dall'umbone bruno-rossastro la pellicola si sfrangia verso l'esterno in piccole squame disposte concentricamente; lamelle fitte; gambo biancastro con anello membranoso (anche caduco) rivolto a imbuto verso l'alto; odore pungente, di gomma, che ricorda quello dello *Scleroderma citrinum*, o del *Lycoperdon pyriforme*. Psp. bianca. Fam. *Agaricaceae*.

Habitat: nei boschi, in parchi, giardini e spesso anche nei prati; gregario, comune ovunque.

Specie similari: quando si ha che fare con le lepiote di piccola taglia la prudenza non è mai troppa, dato che possono contenere sostanze tossiche identiche e simili a quelle delle amanite mortali. Una tra queste è *Lepiota brunneoincarnata*, dalle squame bruno-violacee, il cui gambo è privo di anello membranoso, *Lepiota castanea* e *Lepiota clypeolaria* descritta a pagina 32.

Nota: *Lepiota cristata* come la maggior parte delle lepiote di piccola taglia è da considerare potenzialmente un fungo velenoso mortale.

G	F	M	A	M	G	L	A	S	O	N	D

Lepiota clypeolaria

Identi-Tris

1. Taglia medio piccola cappello conico
2. Squame e fiocchi radiali concentrici
3. Gambo con anello fioccoso e bianco

Caratteristiche: cappello 4-8 cm, inizialmente quasi emisferico, a maturità da conico-campanulato a disteso con umbone ottuso, ricoperto di piccole squame fioccose concentriche di colore variabile da ocraceo a bruno ferrugineo al centro; al margine spesso pendono dei residui di velo. Lamelle non molto fitte, larghe e bianche. Gambo alto fino a 10 cm abbastanza fragile, bianco e ornato di un velo fioccoso concolore. Carne bianca con odore acidulo. Psp. bianca. Fam. *Agaricaceae*.

Habitat: in boschi di latifoglia e aghifoglia, in terreni ricchi di humus, frequente.

Specie similari: nello stesso habitat si possono incontrare altre due lepiote di questo gruppo: *Lepiota magnispora (= L. ventiosospora)* con il velo color giallo vivace e *Lepiota ignivolvata* che, come indica il nome, possiede una netta zona rossiccia alla base del gambo.

Commestibilità: come la maggior parte delle lepiote di piccola taglia è da considerare potenzialmente un fungo velenoso mortale.

G	F	M	A	M	G	L	A	S	O	N	D

Limacella guttata

Sinonimi: Limacella lenticularis

Identi-Tris

1 Pellicola del cappello viscosa

2 Gambo con ampio anello

3 Spiccato odore di farina

Caratteristiche: cappello 4-15 cm, da color avorio a marrone pallido o isabella, spesso umbonato, con carne soda, pellicola viscosa per l'umidità; lamelle biancastre, fitte, con filo finemente seghettato; gambo biancastro, con ampio anello membranoso. La sommità del gambo e il lato superiore dell'anello possono presentarsi cosparsi di goccioline giallognole (nome), che seccandosi lasciano delle macchie scure. Carne bianca, odore e sapore di farina. Psp. bianca. Fam. *Agaricaceae*.

Habitat: boschi di conifere e latifoglie. Compare in piccoli gruppi su terreni soffici e ricchi di humus; poco comune.

Specie similari: tra le poche specie di questo genere *Limacella guttata* è quella di maggior taglia. Potrebbe essere scambiata per una lepiota, da cui però si differenzia per il cappello viscoso e l'odore di farina. Un'altra specie simile è *Chamaemyces fracidus*, anch'esso con cappello viscoso e raro abitatore di suoli calcarei, non profuma di farina.

Commestibilità: commestibile ma di scarso valore, il sapore di farina si perde con la cottura.

G	F	M	A	M	G	L	A	S	O	N	D

Amanita fulva

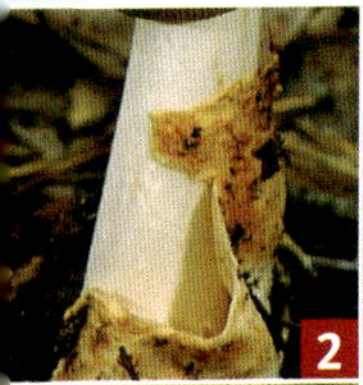

Identi-Tris

1. Cappello bruno-rossiccio
2. Volva del gambo con chiazze fulvo-rossastre
3. Orlo del cappello nettamente striato

Caratteristiche: cappello 4-8 cm, poco carnoso, di colore fulvo o anche marrone con tendenza a sbiadire e orlo presto striato a pettine; lamelle biancastre con filo finemente seghettato; gambo bianco o con sfumature concolori al cappello, cavo, di solito non screziato, privo di anello, con base inguainata da una volva a chiazze rosso-brunastre; carne fragile, inodore e insapore. Psp. bianca. Fam. *Amanitaceae.*

Habitat: in terreni boschivi (latifoglie e conifere) acidi, in particolare sotto betulle o pini, anche in zone umide, anche lignicolo; frequente.

Specie similari: l'*Amanita crocea* (pag. 27), dal bel color aranciato, è più rara e si accompagna volentieri alla quercia. Il suo gambo, nettamente screziato, è avvolto da una volva totalmente bianca. L'*Amanita vaginata* è facilmente distinguibile per il colore grigio del suo cappello. *Amanita junquillea* (pag. 35), fungo sospetto, assomiglia all'*Amanita fulva* per le striature del cappello e nonostante nella maggior parte dei casi possiede un evidentissimo anello sul gambo, questo a volte si presenta poco evidente o addirittura mancante perché caduto.

Commestibilità: fungo mangereccio di poco pregio per la scarsa carnosità.

G	F	M	A	M	G	L	A	S	O	N	D

Amanita junquillea

Sinonimi: Amanita gemmata
Nomi volgari: Amanita giunchiglia

1

Identi-Tris

1 Gambo slanciato e fragile cappello giallastro

2 Gambo con anello fugace

3 Odore quasi assente

2

Caratteristiche: cappello 3-10 cm, da giallino a ocra chiaro, con resti di volva a placche, talvolta completamente nudo; gambo slanciato, anello inconsistente e fugace, volva circoncisa con più collari alla sommità del bulbo (come nell'*Amanita pantherina*); carne bianca, odore appena percettibile. Psp. bianca. Fam. *Amanitaceae*.

Habitat: nei boschi di latifoglie e in particolare di conifere, in terreno sabbioso, anche sotto i faggi; specie precoce quasi primaverile che prosegue la sua comparsa fino ad inizio estate; ricompare poi in tardo autunno; non comune in alcune regioni.

Specie similari: la diffusa e altrettanto sospetta *Amanita citrina* (pag. 44) ha un pronunciato odore di germogli di patata o ravanello. Alcune forme chiare di *Amanita pantherina* (pag. 38) in caso di dubbio si riconoscono dall'odore leggermente rafanoide.

Tossicità: è ancora controversa, dato che il fungo è stato spesso consumato senza danni. Pare però che contenga sostanze a bassa tossicità ancora sconosciute, che diventano innocue con la cottura (termolabili), ma che nel fungo crudo hanno effetto analogo a quelle contenute nell'*Amanita citrina* (pag. 44).

G	F	M	A	M	G	L	A	S	O	N	D

Amanita muscaria

Sinonimi: Agaricus muscarius

Nomi volgari: Ovulo malefico - Uovolo malefico - Tignosa dorata

Identi-Tris

1 Cappello rosso vivo con verruche bianche

2 Carne gialla sotto la pellicola del cappello (sezione di fungo giovane)

3 Bulbo del gambo con volva dissociata in verruche concentriche

Caratteristiche: cappello 5-15 cm, color rosso vermiglio, più raramente aranciato o giallastro, coperto da verruche bianche (possono venire dilavate dalla pioggia); lamelle bianche, fitte; gambo bianco con anello, base ingrossata a bulbo ornato da anelli concentrici di verruche (volva dissociata); carne bianca, ma sempre gialla appena sotto la pellicola del cappello; odore insignificante. Psp. bianca. Fam. *Amanitaceae*.

Habitat: in boschi di latifoglia e aghifoglia, soprattutto sotto betulla e abete rosso (peccio); molto comune ovunque.

Specie similari: la meno frequente *A. caesarea* (Ovulo buono, vedi a destra) possiede una volva biancastra completamente differente (non dissociata), con gambo e lamelle tendenti al giallo dorato. Attenzione a non confondere i primordi (quando l'amanita è ancora chiusa in un ovetto) di *A. muscaria* con le commestibili vesce (*Lycoperdon perlatum* pag. 227).

Tossicità: contiene veleni (acido ibotenico, muscimolo, muscazone) che agiscono sui sistemi nervosi periferico e centrale. Entro due ore dall'ingestione provocano paralisi, offuscamento della coscienza, insufficienza respiratoria e anche attacchi di furore, allucinazioni ecc. Dopo 24 ore i sintomi in genere passano senza postumi.

G	F	M	A	M	G	**L**	**A**	**S**	**O**	**N**	D

Amanita caesarea

Sinonimi: Agaricus caesareus – Agaricus aurantius

Nomi volgari: Ovulo buono – Fungo reale

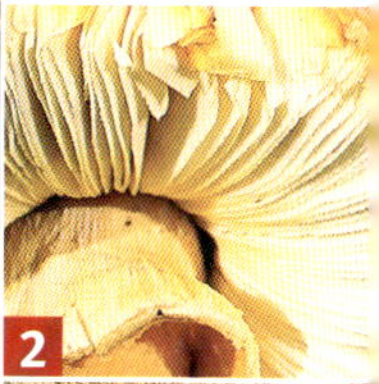

Identi-Tris

1 Cappello da rosso ad arancione

2 Gambo e lamelle giallo oro

3 Base del gambo bulbosa con ampia volva membranosa

Caratteristiche: cappello 6-15 cm, da rosso vivo ad arancione, in genere liscio, talvolta con qualche lembo bianco residuo del velo, orlo finemente striato nel fungo aperto; lamelle da giallo chiare a giallo dorate, fitte; gambo giallo oro, con anello membranoso e bulbo inguainato da una volva bianca; carne in prevalenza gialla, dall'odore e sapore gradevoli. Gli esemplari giovani, analogamente a quelli delle *Amanita* mortali, sono completamente avvolti da uno spesso velo, che li fa assomigliare a delle uova (nome volgare). Psp. bianca. Fam. *Amanitaceae*.

Habitat: sotto latifoglie come le querce o i castagni; raro nell'Europa centrale. Nei paesi a clima mediterraneo (Italia, Francia, Bulgaria ecc.) il fungo è più frequente e non di rado si trova in vendita al mercato.

Specie similari: nell'*Amanita muscaria* (pag. 36) il gambo e le lamelle sono bianche e il bulbo presenta resti concentrici del velo al posto della volva.

Commestibilità: eccellente commestibile, che gli intenditori amano consumare da crudo condito con olio e limone.

G	F	M	A	M	G	L	A	S	O	N	D

Amanita pantherina

Nomi volgari: Tignosa bigia - Agarico panterino

Identi-Tris

1 Cappello brunastro con verruche candide

2 Gambo bulboso con volva circoncisa e dissociata in anelli

3 3 Leggero odore di ravanello

Caratteristiche: cappello 4–10 cm, da bruno chiaro a bruno scuro od ocraceo, con verruche bianco candide (se non dilavate dalla pioggia), orlo presto striato; lamelle bianche, fitte; gambo bianco, con anello infero, minuto, non striato sul lato superiore; bulbo spesso molto radicato, con volva dissociata in anelli; carne bianca immutabile. Leggero odore di ravanello. Psp. bianca. Fam. *Amanitaceae.*

Habitat: nei boschi di latifoglie e conifere; su suoli da acidi a neutri, soprattutto sabbiosi; localmente comune.

Specie similari: le due specie commestibili *Amanita excelsa* (pag. 40) e *Amanita rubescens* (pag. 39) si differenziano per l'anello ampio, alto e striato, le verruche non bianche ma grigio-brunastre. La volva non circoncisa che si raccorda dolcemente con la parte superiore del gambo.

Tossicità: l'*Amanita pantherina* contiene veleni analoghi a quelli dell'*Amanita muscaria* (acido ibotenico, muscimolo, muscazone), ma in concentrazione maggiore. Può causare avvelenamenti neurotropici (vedi *Amanita muscaria*, pag. 36) a volte mortali. In caso di decorso benigno, nella fase finale dell'avvelenamento subentra spesso uno stato di ebbrezza.

G	F	M	A	M	G	L	A	S	O	N	D

Amanita rubescens

Sinonimi: Agaricus rubescens

Nomi volgari: Tignosa vinata – Tignosa rosseggiante

Identi-Tris

1 Cappello bruno-rossastro con verruche chiare, mai candide

2 Gambo bulboso con volva poco evidente o assente

3 Carne arrossante (foto: gambo sezionato)

Caratteristiche: cappello 5-15 cm, colore da carnicino a bruno-vinato, orlo generalmente non striato, con resti di velo (verruche o placche) da bianco-sporco a grigiastri; lamelle biancastre, che assumono sfumature rosso-vinate negli esemplari vecchi, appressate; gambo biancastro o concolore al cappello, con bulbo smarginato, anello ampio e pendulo, striato sul lato superiore; carne bianca, che vira al vinato al taglio, o se invasa da larve (vedi foto 3). Odore insignificante. Psp. bianca. Fam. *Amanitaceae.*

Habitat: nei boschi di conifere e latifoglie, praticamente in ogni tipo di terreno; molto comune ovunque, è una delle prime *Amanita* a comparire, già a inizio estate.

Specie similari: la tossica *Amanita pantherina* (pag. 38) ha una volva evidente e circoncisa. *L'Amanita excelsa* (pag. 40) ha verruche più grigiastre e farinose e di solito non arrossa.

Commestibilità: commestibile; va cotto bene, altrimenti può provocare disturbi gastrici. Ha una carne facilmente deperibile, per cui conviene consumare solo gli esemplari giovani.

G	F	M	A	M	G	L	A	S	O	N	D

Amanita excelsa

Sinonimi: Amanita spissa – Amanita cinerea

Identi-Tris

1. Cappello grigio-brunastro con verruche bianco-grigiastre
2. Bulbo napiforme con volva frammentata o assente
3. Carne non arrossante

Caratteristiche: cappello 5-15 cm, in genere da grigio-brunastro a grigio nocciola, con verruche o placche grigio chiare, orlo non striato; lamelle bianche, fitte; gambo talvolta coperto da squame fioccose grigiastre, con anello alto, ampio e striato, bulbo napiforme (dolcemente raccordato col gambo), a volte ricoperto di minute verruche concentriche; carne bianca, con odore e sapore di ravanello o rapa. Psp. bianca. Fam. *Amanitaceae*.

Habitat: prevalentemente in boschi di conifera, più raramente in quelli di latifoglia, di preferenza sotto abeti e faggi, in terreni sia acidi che calcarei; comune in certe regioni.

Specie similari: l'*Amanita pantherina* (tossica, pag. 38), presenta un gambo bulboso e con volva circoncisa, un orlo del cappello chiaramente striato, almeno negli esemplari maturi. Le sue verruche sono candide. La assai simile *Amanita rubescens* (pag. 39) ha la carne arrossante e un colore del cappello più tendente al carnicino.

Commestibilità: commestibile; piuttosto insipido e quindi di scarsa qualità.

G	F	M	A	M	G	L	A	S	O	N	D

Amanita phalloides

Sinonimi: Agaricus phalloides - Agaricus bulbosus

Nomi volgari: Tignosa verdognola

1

2

Identi-Tris

1. Cappello verde-olivastro
2. Bulbo del gambo con ampia volva membranosa
3. Odore dolciastro pronunciato

Caratteristiche: cappello 4-15 cm, da verde oliva pallido a scuro, raramente con resti membranosi (gli esemplari giovani sono invece completamente avvolti dal velo generale!); lamelle bianche, fitte; gambo da biancastro a verde oliva pallido, striato, con anello cascante. Bulbo avvolto da una volva membranosa; carne bianca, con pronunciato odore dolciastro, mieloso. Psp.bianca. Fam. *Amanitaceae*.

Habitat: in boschi di latifoglie e misti, parchi e giardini, sotto querce e faggi; relativamente comune, a volte appare in massa.

Specie similari: l'*Amanita citrina* (pag. 44), leggermente tossica, odora di rapanello. Alcune russule hanno un colore di cappello simile ma non presentano né anello, né bulbo.

Tossicità: velenoso mortale. I tossici che contiene (amanitine, falloidine) agiscono anche dopo la cottura o l'essiccazione e distruggono progressivamente le cellule del fegato. I sintomi dell'avvelenamento (dolori di pancia simili a coliche, vomito, diarrea persistente) compaiono solo a 6-16 ore dall'ingestione, spesso troppo tardi per salvare la vita all'intossicato.

G	F	M	A	M	G	L	A	S	O	N	D

Amanita verna

Sinonimi: Amanita phalloides var. verna
Nomi volgari: Tignosa di primavera

1

2

1 Cappello e lamelle sempre di color bianco candido

2 Bulbo del gambo con volva

3 Odore dolciastro

Identi-Tris

Caratteristiche: cappello 5-10 cm, bianco o biancastro, da emisferico a leggermente convesso, superficie asciutta, quasi sempre nuda; lamelle bianche, appressate; gambo bianco con striature concolori, anello membranoso e bulbo chiuso da una volva; carne bianca, con pronunciato odore dolciastro. Psp. bianca. Fam. *Amanitaceae.*

Habitat: in boschi di latifoglia e misti, in particolare sotto le querce; predilige i climi caldi, per cui nell'Europa centrale è più rara della *A. phalloides* (di cui è considerata una varietà bianca). Fa la sua comparsa soprattutto nei periodi estivi caldo-umidi.

Specie similari: l'*Amanita virosa* (pag. 43) si distingue per il gambo lanoso e il cappello inizialmente conico e viscoso. Le forme bianche dell'*Amanita citrina* (pag. 44) odorano di germogli di patata. I prataioli (*Agaricus*) bianchi commestibili si riconoscono per le lamelle rosate o brunastre a maturità e per l'assenza di volva alla base del gambo. L'*Amanita ovoidea* (vedi pag. 46) è nettamente più robusta, ed emana un odore tipico e unico di salmastro.

Tossicità: senza tempestiva terapia causa avvelenamenti mortali, poiché contiene gli stessi tossici dell'*Amanita phalloides* (pag. 41).

G	F	M	A	M	G	L	A	S	O	N	D

Amanita virosa

Nomi volgari: Tignosa velenosa

1

Identi-Tris

1. Cappello bianco, conico
2. Gambo lanoso-fibrilloso, con volva inguainante alla base
3. Odore presto sgradevole

2

Caratteristiche: cappello 5-10 cm, bianco soffuso al centro di crema, prima conico poi allargato a campana, pellicola leggermente viscosa in genere glabra; lamelle bianche, fitte; gambo bianco, slanciato, lanoso-fibrilloso, con anello fragile e molto alto, bulbo con volva inguainante; odore prima sgradevole di muffa, poi tipicamente dolciastro, come nell'*Amanita phalloides*. Psp. bianca. Fam. *Amanitaceae*.

Habitat: nei boschi di latifoglia e aghifoglia, sotto abete, pino o faggio; ama i terreni acidi, ma appare anche in suolo calcareo; fungo relativamente raro.

Specie similari: l'*Amanita verna* (pag. 42), velenosa mortale, si distingue per il gambo non lanoso e il cappello emisferico asciutto. Gli esemplari più giovani, ancora chiusi, potrebbero essere scambiati per un prataiolo mangereccio. La *Volvariella gloiocephala* (pag. 47) presenta un gambo liscio e senza anello e lamelle rosate nello stadio adulto.

Tossicità: fungo velenoso mortale, come l'*Amanita phalloides* (pag. 41).

G	F	M	A	M	G	L	A	S	O	N	D

Amanita citrina

Sinonimi: Amanita mappa
Nomi volgari: Tignosa paglierina

Identi-Tris

1. Cappello giallo pallido ricoperto da larghe verruche
2. Gambo con bulbo globoso marginato
3. Odore di germogli di patata

Caratteristiche: cappello 4–10 cm, color verde-giallo pallido, raramente bianco (varietà *alba*), con verruche estese che diventano presto bianco-brunastre, margine non striato; lamelle bianche, fitte; gambo bianco-giallastro con anello liscio e bulbo nettamente marginato, tendente al marroncino; volva circoncisa e aderente al gambo. Il velo della volva è molto effimero, spesso resta nel terreno quando il fungo viene raccolto. Carne bianca, con tipico odore rafanoide o di germogli di patata. Psp: bianca. Fam. *Amanitaceae*.

Habitat: in boschi di aghifoglia e misti, molto frequente.

Specie similari: l'*Amanita phalloides* (pag. 41, velenosa mortale), accanto al colore verde-olivastro del cappello, presenta anche una volva pronunciata e durevole e un odore dolciastro. Inoltre si trova preferibilmente sotto latifoglia. L'*Amanita junquillea* (pag. 35, sospetta) ha un odore insignificante.

Tossicità: leggermente tossica; contiene bufotenina, che provoca tachicardia. Il veleno è termolabile, per cui si distrugge alla cottura.

G	F	M	A	M	G	L	A	S	O	N	D

Amanita porphyria

Sinonimi: Amanita recutita
Nomi volgari: Agarico porporino

1

2

Identi-Tris

1. Cappello bruno-violaceo con resti di velo scuri
2. Bulbo del gambo marginato o con volva
3. Odore intenso tra la patata e il ravanello

Caratteristiche: cappello 4-8 cm, bruno-violaceo chiaro o scuro, in genere con resti di velo grigio-violacei (lembi membranacei), margine non striato; lamelle bianche, fitte; gambo di solito slanciato, decorato da bande cangianti di un colore grigio più pallido del cappello, con anello liscio, bulbo nettamente marginato e con i resti della volva spesso difficili da notare; carne biancastra, con intenso odore tra la patata e il ravanello. Psp. bianca. Fam. *Amanitaceae*.

Habitat: nei boschi di aghifoglia e misti, sotto l'abete o il pino, in terreno acido; sulle Alpi abbastanza comune.

Specie similari: l'*Amanita pantherina* (tossica, pag. 38) si differenzia per il cappello dall'orlo striato, uniformemente decorato da verruche candide (se non dilavate dalla pioggia). Il bulbo del gambo, con volva dissociata in anelli, non è marginato. La commestibile *Amanita excelsa* (pag. 40) ha un anello striato e un bulbo che si raccorda senza margine al gambo.

Tossicità: leggermente tossica; contiene bufotenina, come l'*Amanita citrina* (pag. 44), con cui è imparentata.

G	F	M	A	M	G	L	A	S	O	N	D

Amanita ovoidea

Sinonimi: Amanita cocolla – Amanita leucocephala

Nomi volgari: Farinaccio – Ovulo bianco

Identi-Tris

1. Cappello bianco candido, taglia robusta
2. Volva molto sviluppata e bianca
3. Odore intenso di acqua di mare (salmastro)

Caratteristiche: cappello fino a 20 cm. di diametro, bianco candido, carnoso, emisferico margine non striato; lembi di velo spesso rimangono appesi lungo il margine del cappello; lamelle bianche, fitte con una sfumatura crema incarnata; gambo bianco rivestito da fini residui velari, con anello molto fugace; alla base è presente una voluminosa volva sacciforme inizialmente bianca poi all'invecchiamento ocracea; carne soda, biancastra, con intenso odore di mare di scogliera (di acqua salmastra). Psp. bianca. Fam. *Amanitaceae.*

Habitat: nei boschi di quercia e pino in luoghi caldi; comune in zona mediterranea.

Specie similari: alcune amanite bianche come *Amanita proxima*, molto simile ma con una volva color ruggine; *Amanita verna* (pag. 42), *Amanita virosa* (pag. 43) e *Amanita phalloides var.alba* che sono meno lussureggianti e non hanno l'odore particolarissimo di salmastro. Si ricorda che le appena citate amanite sono tutte fortemente tossiche.

Tossicità: specie comunemente consumata in centro Italia in modo particolare in Toscana dove però recenti notizie attribuiscono a questa amanita una certa velenosità, sebbene molto incostante.

G	F	M	A	M	G	L	A	S	O	N	D

Volvariella gloiocephala

Sinonimi: Volvariella speciosa

1

2

3

Identi-Tris

1 Cappello ampio, conico campanulato, viscoso

2 Lamelle mature rosa

3 Gambo con volva

Caratteristiche: cappello 5-15 cm, da bianco avorio a grigio pallido, in genere nudo, raramente con resti di velo biancastri, pellicola viscosa per la pioggia; lamelle fitte, tendenti al rosa con la maturazione; gambo bianco, slanciato, liscio, senza anello, con alla base una volva pronunciata; carne bianca, presto molle, odore e sapore di ravanello. Psp. rosa. Fam. *Pluteaceae*.

Habitat: di solito in terreni concimati fuori dal bosco, campi coltivati, parchi, orti e giardini; localmente comune.

Specie similari: l'*Amanita virosa* (mortale, pag. 43) presenta lamelle bianche immutabili e un gambo lanoso anulato. L'*Amanita fulva* (pag. 34) ha l'orlo del cappello nettamente striato. Altre *Volvariella* terricole o sono di taglia minore, o hanno un cappello di colore diverso. Nel genere non si conoscono specie tossiche.

Commestibilità: sconsigliata. Notevole il rischio di confusione con altre specie velenose.

☐

G	F	M	A	M	G	L	A	S	O	N	D

Pluteus cervinus

Sinonimi: Pluteus atricapillus

Identi-Tris

1 Cappello bruno, conico-disteso

2 Lamelle rosa da mature

3 Lignicolo

Caratteristiche: cappello 5-12 cm, carne sottile, conico-disteso (piano-convesso) nel fungo adulto, con varie tonalità di marrone, superficie liscia, nel fungo giovane tipicamente ondulata a zone; lamelle rosa da mature, fitte; gambo slanciato, biancastro, con rade fibrille bruno chiare alla base, senza anello né volva; carne bianca, odore e sapore di ravanello. Psp. rosa. Fam. *Pluteaceae*.

Habitat: su tronchi, ceppi o grossi rami marcescenti di aghifoglia o latifoglia, in particolare di pino, abete rosso, faggio e betulla; comune.

Specie similari: *Pluteus nigrofloccosus (= P. atromarginatus)*, commestibile, con cappello bruno scuro e lamelle dal filo nericcio, su legno morto di conifera. *Pluteus petasatus*, commestibile, dal cappello quasi bianco, con rade verruche nerastre al centro. Alcuni *Entoloma* terricoli, che possono essere tossici, hanno però le lamelle adnate al gambo.

Commestibilità: commestibile mediocre, insipido.

G	F	M	A	M	G	L	A	S	O	N	D

Agaricus bisporus

Sinonimi: Psalliota hortensis - Agaricus hortensis

Nomi volgari: Prataiolo da coltivazione - Champignon

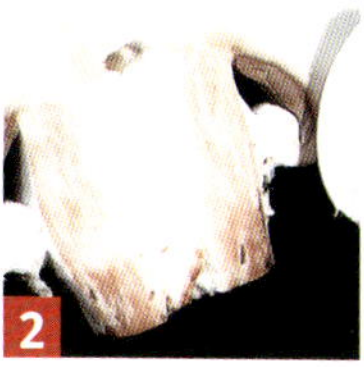

Identi-Tris

1. Cappello da bianco sporco a brunastro, quasi senza squame
2. Carne arrossante (taglio)
3. Crescita fuori dal bosco, in terreni ben concimati

Caratteristiche: cappello 4-10 cm, da bianco candido o sporco a brunastro, nudo o appena squamoso; lamelle presto rosa, poi brune, fitte; gambo biancastro, con anello spesso, piatto o rivolto a imbuto verso l'alto; carne lievemente arrossante al taglio, odore lieve, gradevole. Psp. bruna. Fam. *Agaricaceae*.

Habitat: in parchi, orti, giardini o campi cosparsi di sterco di cavallo o compost; cresce di rado in aperta natura, ove s'insedia per occasionale spargimento di residui fungini.

Specie similari: molti conoscono la specie solo come prodotto coltivato commerciale, con il cappello ancora chiuso. L'ottimo *Agaricus bitorquis* (pag. 50), di casa in ambiente urbano, si riconosce dall'anello doppio e molto basso a forma di imbuto. Il tossico *Agaricus xanthoderma* (pag. 53), dalla carne color giallo zafferano vivo alla base del gambo, odora d'inchiostro o fenolo.

Commestibilità: fungo commestibile universalmente apprezzato; gli esemplari coltivati possono essere consumati anche crudi.

G	F	M	A	M	G	L	A	S	O	N	D

Agaricus bitorquis

Sinonimi: Psalliota bitorquis – Agaricus edulis

Identi-Tris

1. Cappello bianco spianato
2. Anello doppio, rivolto a imbuto verso l'alto
3. Carne molto compatta

Caratteristiche: cappello 4–12 cm, bianco, spesso tipicamente spianato, molto carnoso; lamelle brune da mature, molto fitte; gambo corto, tozzo, con anello molto basso e rivolto a imbuto verso l'alto, sovrastante un secondo anello più minuto; carne molto compatta, più o meno arrossante. Psp. bruna. Fam. *Agaricaceae*.

Habitat: soprattutto in terreni coltivati (parchi, orti, giardini, spazi verdi, cimiteri, nelle fasce erbose al centro e ai lati delle strade), più raramente in ambiente boschivo; comune.

Specie similari: in altri prataioli bianchi l'anello è uno solo e si presenta in genere pendulo. Quando ha perso l'anello, l'*Agaricus bitorquis* si riconosce per la carne soda, leggermente arrossante.

Commestibilità: fungo eccellente e dalla buona resa, purtroppo invaso precocemente da larve. I luoghi di crescita in città spesso sono poco invitanti (per escrementi di cani ecc.).

G	F	M	A	M	G	L	A	S	O	N	D

Agaricus campestris

Sinonimi: Psalliota campestris – Pratella campestris

Nomi volgari: Psalliota campestre – Prataiolo

Identi-Tris

1. Crescita in luoghi erbosi, a cerchi o in gruppi
2. Anello fugace, assente o attaccato all'orlo del cappello
3. Gambo attenuato in basso

Caratteristiche: cappello 3-8 cm, bianco, da emisferico a convesso, superficie nuda, sericea o con piccole squame; lamelle fitte, prima rosa intenso poi brune; gambo bianco, con base attenuata e talvolta giallina, anello pendulo, poco consistente, talora assente o attaccato all'orlo del cappello; carne bianca, leggermente rosa al taglio, a zone anche gialla, odore delicato, gradevole. Psp. bruna. Fam. *Agaricaceae.*

Habitat: nei prati, campi e pascoli, soprattutto se concimati con sterco di cavallo, in gruppi, "cerchi delle streghe" o righe. L'impiego dei concimi chimici ne limita considerevolmente la diffusione.

Specie similari: questo prataiolo è una specie di taglia relativamente piccola, con gambo attenuato alla base e anello inconsistente e talvolta assente. Il commestibile *Agaricus arvensis* (pag. 52) cresce anch'esso nei prati, ma è più grande e odora di anice. La sua carne tende a ingiallire (cfr. anche il tossico *Agaricus xanthoderma*, (pag. 53).

G	F	M	A	M	G	L	A	S	O	N	D

Agaricus arvensis

Sinonimi: Psalliota arvensis

Nomi volgari: Prataiolo

Identi-Tris

1. Prataiolo bianco, compatto, a carne ingiallente
2. Anello a ruota dentata
3. Odore di anice

Caratteristiche: cappello 5-15 cm, bianco, poi anche giallo paglierino, pellicola nuda, da liscia a finemente squamosa, talvolta screpolata e fibrosa; lamelle grigio-rosa da giovani, poi brune, fitte; gambo bianco, con anello pendulo, screpolato a ruota dentata nella parte inferiore, fioccoso; carne bianca, ingiallente alla lesione, odore di anice o mandorle amare. Psp. bruna. Fam. *Agaricaceae*.

Habitat: in genere al di fuori del bosco, in campi e pascoli concimati, parchi, orti e giardini; molto comune.

Specie similari: l'*Agaricus xanthoderma* (tossico, pag. 53) ha un odore sgradevole e l'anello con altre caratteristiche. L'*Agaricus campestris* (pag. 51), che cresce nel medesimo habitat, è più piccolo e ha un odore neutro. Molto simili sono anche gli altri *Agaricus* commestibili (*Agaricus silvicola* ed *Agaricus essettei*) che odorano di anice.

Commestibilità: commestibile; fungo ottimo e dal notevole rendimento per la taglia; l'odore di anice scompare con la cottura.

G	F	M	A	M	G	L	A	S	O	N	D

Agaricus xanthoderma

Sinonimi: Psalliota xanthoderma

1

2

Identi-Tris

1 Cappello candido, da giovane appianato al centro

2 Carne ingiallente

3 Odore sgradevole d'inchiostro o fenolo

Caratteristiche: cappello 4-12 cm, bianco candido, da vecchio non di rado con macchie grigie o color terra, con centro tipicamente appianato e la pellicola spesso screpolata radialmente; lamelle dapprima grigio-rosate o per breve tempo anche rosa vivo, poi brune, fitte; gambo bianco, slanciato, base bulbosa rotonda, talvolta marginata, anello membranoso, presto pendulo, inferiormente ornato da una corona denticolata; carne bianca, ingiallente allo sfregamento, soprattutto alla base del gambo, odore sgradevole di fenolo o inchiostro. Psp. bruna. Fam. *Agaricaceae*.

Habitat: nei boschi di aghifoglie e latifoglie, ma anche nei prati, in parchi, giardini e orti; comune.

Specie similari: molto simile è l'*Agaricus arvensis* (commestibile, pag. 52), che odora di anice; l'*Agaricus xanthoderma* è spesso confuso con l'*Agaricus campestris* (pag. 51).

Tossicità: l'ingestione provoca disturbi gastrici più o meno gravi, associati a malessere e vomito, senza postumi; a volte il fungo viene tollerato senza conseguenze.

G	F	M	A	M	G	L	A	S	O	N	D

Agaricus praeclaresquamosus

Sinonimi: Agaricus meleagris

Identi-Tris

1. Cappello con scagliette grigiastro-fuligginose
2. Carne ingiallente; gambo con bulbo marginato
3. Odore sgradevole di fenolo

Caratteristiche: cappello 5-12 cm, a fondo biancastro con fini scaglie da nerastre a color grigio terra (simile al piumaggio di una pernice); lamelle dapprima grigio-rosa pallide, poi brune, fitte; gambo bianco, con un anello decorato inferiormente da una zona denticolata circolare e un bulbo marginato eccentrico (come nell'*Agaricus xanthoderma*); carne ingiallente con odore di fenolo, a volte appena accennato. Psp. bruna. Fam. *Agaricaceae*.

Habitat: nei boschi di latifoglia e aghifoglia, e anche in parchi, orti e giardini; relativamente raro; in zona mediterranea frequente.

Specie similari: questo micete fa parte del gruppo degli *Agaricus xanthoderma*, composto da circa sette specie europee lievemente tossiche. L'*Agaricus phaeolepidotus*, pur simile, si differenzia per le scagliette del cappello brune. L'*Agaricus silvaticus* (commestibile, pag. 55) ha un odore gradevole e la carne arrossante.

Tossicità: fungo lievemente tossico; può provocare disturbi gastrici, come l'*Agaricus xanthoderma*, con cui è strettamente imparentato.

G	F	M	A	M	G	L	A	S	O	N	D

Agaricus silvaticus

Sinonimi: Psalliota silvatica

Identi-Tris

1. Cappello con squame bruno scure
2. Carne arrossante al taglio
3. Odore neutro (né di fenolo, né di mandorle amare)

Caratteristiche: cappello 4–12 cm, da bruno seppia a nocciola, screpolato, con fitte scagliette appressate, talvolta anche solo con fibre radiali; lamelle rosa, poi brune, fitte; gambo biancastro, da vecchio con chiazze brunastre, fibrilloso, con anello pendulo e base leggermente clavata; carne al taglio subito da rosso-rosa a rosso sangue più o meno vivo, odore gradevole. Psp. bruna. Fam. *Agaricaceae*.

Habitat: nei boschi, soprattutto sotto abete rosso o faggio, anche in orti e giardini; sia in terreni acidi che calcarei; comune.

Specie similari: gli somigliano le seguenti specie commestibili: *Agaricus haemorrhoidarius* che lo sostituisce sotto latifoglie termofile, *Agaricus langei*, fungo compatto amante dei terreni calcarei, fortemente arrossante; *Agaricus lanipes*, che cresce su suoli sabbiosi, ha carne arrossante ma con la base del gambo virante al giallo oro e che odora di mandorle amare. L'*Agaricus phaeolepidotus*, leggermente tossico, con carne ingiallente e odore di fenolo, può causare disturbi gastrici.

Commestibilità: buon fungo commestibile, dal tipico aroma di champignon.

G	F	M	A	M	G	L	A	S	O	N	D

Tricholomopsis rutilans

Nomi volgari: Agarico rutilante

Identi-Tris

1. Cappello rosso-porporino, tomentoso
2. Lamelle giallo-citrine
3. Carne completamente gialla (taglio)

Caratteristiche: cappello 6–18 cm, da rosso-violetto a porporino, con superficie tomentosa, asciutta, tendente al giallo con l'età, carne compatta; lamelle quasi giallo-citrine, fitte, con filo fioccoso (lente); gambo concolore al cappello, giallastro verso l'apice, poi spesso interamente giallo, cilindrico, presto cavo; carne color giallo brillante, odore e sapore fungino con sentore di muffa. Psp. bianca. Fam. *Tricholomataceae*.

Habitat: su legno di conifere morte, soprattutto ceppi di pino o abete rosso; da solitario a cespitoso; comune.

Specie similari: gli esemplari con la livrea colorata tipica sono inconfondibili. Quelli ingialliti per l'età potrebbero essere scambiati per il *Tricholomopsis decora*, che cresce sui ceppi marcescenti di abete rosso, ma è assai raro.

Commestibilità: commestibile con riserva; il suo sapore di muffa consiglia di usarlo in modica quantità, misto ad altri funghi.

G	F	M	A	M	G	L	A	S	O	N	D

Megacollybia platyphylla

Sinonimi: Agaricus grammocephalus – Collybia grammocephala

Identi-Tris

1. Cappello ampio, ma a carne sottile
2. Lamelle larghe e spaziate
3. Radichette miceliari alla base del gambo

Caratteristiche: cappello 4-12 cm, presto spianato, dalla carne piuttosto sottile per la taglia, colore da grigio sporco a grigio fumo, raramente molto pallido, uniformemente colorato o anche con fibrille radiali, pellicola asciutta, opaca; lamelle da bianche a crema, spaziate, più larghe della carne del cappello; gambo cilindrico, bianco, poi più scuro, base spesso con filamenti bianchi di micelio attaccati, che si insinuano profondamente nel substrato di legno marcio o nel terreno; carne biancastra, senza particolare odore e sapore. Psp. bianca. Fam. *Tricholomataceae.*

Habitat: su legno di latifoglia o, più raramente, di conifera marcescente, in o vicino a zone palustri, su rami morti, residui legnosi fradici e guasti; comune.

Specie similari: il principiante potrebbe facilmente confondere la specie con qualche *Tricholoma* o *Entoloma* dalle spore non ancora mature; si tratta di funghi terricoli, alcuni dei quali velenosi.

Nota: fungo non commestibile, lievemente tossico specialmente se consumato con alcool (anche da crudo, se consumato in gran quantità), che provoca malessere e vomito.

G	F	M	A	M	G	L	A	S	O	N	D

Oudemansiella mucida

Sinonimi: Mucidula mucida

Identi-Tris

1 Cappello con spessa pellicola viscosa

2 Lamelle spesse, spaziate

3 Gambo con anello

Caratteristiche: cappello 3-10 cm, da bianco a color avorio, spesso grigio pallido nel fungo giovane, raramente grigio-brunastro pallido in quelli maturi, pellicola spessa e viscosa; lamelle bianche, spesse e spaziate; gambo biancastro, slanciato, viscoso in basso, anello alto e striato nella parte superiore; carne bianca, elastica, coriacea nel gambo, inodore e insapore. Psp. bianca. Fam. *Tricholomataceae*.

Habitat: su tronchi vivi o morti di latifoglia, su ceppi o grossi rami caduti, soprattutto di faggio; fuoriesce dal substrato a cespi o gruppi; localmente comune.

Specie similari: gli *Hygrophorus* dal cappello bianco viscoso sono sempre privi di anello membranoso; inoltre non degradano il legno morto perché sono funghi terricoli, che vivono in simbiosi (micorriza) con latifoglie e conifere.

Commestibilità: commestibile di cui, per l'assenza di aroma, si può usare tutt'al più il solo cappello nel misto. Dal fungo è stato possibile ricavare un antibiotico efficace nel trattamento di certe affezioni cutanee.

G	F	M	A	M	G	L	A	S	O	N	D

Armillaria ostoyae

Sinonimi: Armillaria polymyces

Nomi volgari: Famigliola buona - Chiodino

Identi-Tris

1. Cappello bruno-carnicino finemente squamato
2. Anello bianco (non giallino)
3. Ife bruno-nerastre

Caratteristiche: cappello 3-10 cm, di color bruno-carnicino, con fini squame facilmente asportabili, asciutto; lamelle presto color carne pallido; gambo slanciato, bruno-giallastro chiaro, con anello biancastro; carne biancastra, nella parte inferiore del gambo tendente al giallo-brunastro, sapore (da crudo) tipicamente astringente in gola dopo masticazione prolungata (non inghiottire la prova di assaggio). Sotto la corteccia del legno attaccato si formano tipiche ife bruno-nerastre; Psp. bianca. Fam. *Tricholomataceae*.

Habitat: su legno vivo o morto di aghifoglia, o su radici interrate, di solito cespitoso; temuto parassita degli alberi, molto diffuso.

Specie similari: *Pholiota squarrosa* (pag. 71), non commestibile ricoperta di squame irte; *Armillaria mellea* (pag. 60).

Commestibilità: buon commestibile; va prima bollito (eliminare l'acqua di cottura!), poi cotto per bene in padella usando il solo cappello; si può anche congelare. Certe persone sono intolleranti all'*Armillaria* ed è meglio che evitino di consumarla.

G	F	M	A	M	G	L	A	S	O	N	D

Armillaria mellea

Nomi volgari: Famigliola buona - Chiodino

Identi-Tris

1. Cappello giallo-brunastro, privo di scaglie
2. Anello giallo sul lato inferiore
3. Ife bruno-nerastre

Caratteristiche: cappello 3-8 cm, color miele con nette tonalità galline, più scuro al centro, pellicola asciutta, superficie senza scaglie, sericeo-fibrosa; lamelle da biancastre a galline, fitte; gambo bruno-giallastro, attenuato alla base, anello membranoso, giallo sul lato inferiore; carne bianca, da giallastra a bruna nella zona corticale del gambo, senza odore particolare, come quella dell'*Armillaria ostoyae* (pag. 59) da cruda. Psp. bianca. Fam. *Tricholomataceae*.

Habitat: su legno vivo o morto di latifoglia e aghifoglia, su ceppi, tronchi e radici; di solito cespitoso: comune a livello locale.

Specie similari: attualmente il genere *Armillaria* viene suddiviso in varie sottospecie, strettamente imparentate. L'*Armillaria ostoyae* e l'*Armillaria mellea* ne sono le forme più comuni e facilmente riconoscibili. In ambiente mediterraneo è frequente anche *Armillaria tabescens* (pag. 61) che è priva di anello. La *Pholiota squarrosa* (pag. 67, non commestibile) è un loro classico sosia dalla polvere sporale bruna.

Commestibilità: commestibile dopo bollitura, come l'*Armillaria ostoyae* (pag. 59).

G	F	M	A	M	G	L	A	S	O	N	D

Armillaria tabescens

Nomi volgari: Famigliola senza anello

Identi-Tris

1. Cappello bruno-rossastro, con scaglie erette
2. Gambo senza anello
3. Carne tenera nel gambo

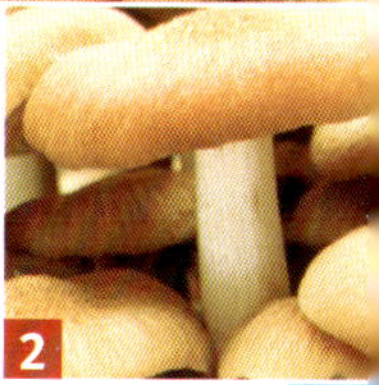

Caratteristiche: cappello 3-7 cm, campanulato-convesso, a maturità disteso-appianato con umbone ottuso, color bruno-rossastro, pellicola asciutta, superficie con scaglie erette e persistenti al centro; lamelle un po' decorrenti da biancastre a carnicine, fitte e strette; gambo da carnicino a bruno, attenuato alla base, di consistenza carnosa e pieno, anello assente, carne bianca, senza odore particolare, sapore dolce con retrogusto appena amarognolo. Psp. bianca. Fam. *Tricholomataceae*.

Habitat: su legno vivo o morto di latifoglia, ma anche sul terreno ma sempre in prossimità di ceppi, tronchi e radici; cespitoso: comune a livello locale specie in sud Italia.

Specie similari: tutte le altre armillarie dalle quali differisce per l'assenza dell'anello.

Commestibilità: commestibile dopo bollitura, preferibilmente senza gambo.

G	F	M	A	M	G	L	A	S	O	N	D

Flammulina velutipes

Sinonimi: Collybia velutipes - Agaricus nigripes

Nomi volgari: Agarico vellutato - Fungo dell'olmo

Identi-Tris

1. Cappello giallo-bruno, viscoso
2. Gambo vellutato brunastro
3. Periodo di crescita invernale

Caratteristiche: cappello 1-5 cm, da giallo carico a giallo-bruno o bruno-dorato, pellicola nuda, viscosa, orlo spesso striato per trasparenza; lamelle da biancastre a giallastre, quasi fitte; gambo cilindrico, da giallo-bruno a bruno-nerastro, vellutato soprattutto nella parte inferiore (nome); carne gommosa, senza odore e sapore particolare. Psp. bianca. Fam. *Tricholomataceae*.

Habitat: su legno vivo o morto di latifoglia, in particolare di salice, pioppo o acero bianco; da gregario a cespitoso; comune, ma solo nella stagione fredda.

Specie similari: il fungo è ben caratterizzato dal periodo invernale di crescita. Nei periodi di transizione (novembre, aprile) possono crescere specie cespitose simili, come l'*Hypholoma capnoides* (commestibile, pag. 76) e l'*Hypholoma fasciculare* (leggermente tossico, pag. 77). Non hanno gambi vellutati bruni.

Commestibilità: commestibile saporito; scartare il gambo.

G	F	M	A	M	G	L	A	S	O	N	D

Lentinus lepideus

Sinonimi: Lentinus squamosus

1

Identi-Tris

1 Cappello chiaro squamato

2 Lamelle con filo seghettato

3 Odore di balsamo del Perù

2

Caratteristiche: cappello 3-15 cm, da biancastro a giallo-ocra, ricoperto da squame più scure, in genere depresso al centro, margine a lungo involuto; lamelle bianche, poi giallo-ocra pallido, non troppo distanti, leggermente decorrenti, con filo denticolato-seghettato; gambo concolore al cappello, spesso molto corto, eccentrico o incurvato, superficie squamato-screpolata; carne bianca, bruna alla base del gambo, coriacea, odore forte di frutta fermentata o di balsamo del Perù. Psp. bianca. Fam. *Polyporaceae.*

Habitat: su legno morto di conifera, anche legname da costruzione, pali o traversine; è saprofita, si nutre del cuore del legno (durame), produce marciume bruno; comune anche nelle annate secche.

Specie similari: il piccolo e non commestibile *Lentinus tigrinus* cresce cespitoso su legno di latifoglia (salice, faggio) e ha lamelle sottilissime, fitte e molto decorrenti lungo il gambo.

Nota: il *Lentinus lepideus* non è mangereccio per la carne troppo coriacea.

G	F	M	A	M	G	L	A	S	O	N	D

Pleurotus ostreatus

Nomi volgari: Agarico ostreato - Gelone

Identi-Tris

1. Più cappelli, grandi un palmo, strettamente sovrapposti
2. Lamelle decorrenti
3. Gambi corti, spesso laterali

Caratteristiche: cappello 5-20 cm, grigio-brunastro, grigio metallico o blu-verde, più sbiadito con l'età, pellicola asciutta e glabra; lamelle biancastre, decorrenti, venoso-congiunte in prossimità del gambo; gambo biancastro, spesso molto corto e laterale, con base tomentosa; carne biancastra, elastica, senza odore o sapore particolare. Psp. bianca. Fam. *Polyporaceae*.

Habitat: su tronchi vivi o morti di latifoglie, soprattutto faggi, pioppi o salici, raramente di conifere; spesso in cespi, i cappelli si presentano uno sopra l'altro, come dei banchi di ostriche; comune.

Specie similari: il *Pleurotus cornucopiae* dal gambo a striature longitudinali e il *Pleurotus dryinus* dal cappello tomentoso, sono due specie imparentate meno saporite. La *Sarcomyxa serotina*, commestibile di minor pregio, ha una pellicola del cappello gelatinosa.

Commestibilità: fungo ottimo, che però diventa tenace con l'età; è anche coltivato artificialmente.

G	F	M	A	M	G	L	A	S	O	N	D

Pleurotus eryngii

Nomi volgari: Cardarello – Cardoncello

Identi-Tris

1. Cappello bruno rossiccio
2. Lamelle decorrenti
3. Presso piante di Eryngium

Caratteristiche: cappello 5-15 cm, color caffelatte, bruno-rossiccio, cuticola leggermente rivestita da piccole squamette; lamelle biancastre, decorrenti, piuttosto fitte; gambo biancastro, spesso molto corto e laterale, con base attenuata; carne biancastra, elastica, senza odore o sapore particolare. Psp. bianca. Fam. *Polyporaceae*.

Habitat: su radici di *Eryngium campestre* e *maritimum*, in brughiere poco boscose e brulle.

Specie similari: esistono alcune varietà di questa specie: *var. ferulae* che cresce in prossimità di *Ferula comunis* e *var. nebrodensis* che cresce associata a *Laserpitium latifolium*. Entrambe commestibili.

Commestibilità: fungo ottimo, conosciuto particolarmente in sud Italia.

G	F	M	A	M	G	L	A	S	O	N	D

Omphalotus olearius

Sinonimi: Clitocybe olearia - Pleurotus olearius - Omphalotus illudens
Nomi volgari: Fungo dell'ulivo

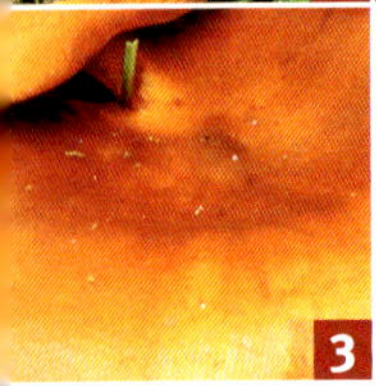

Identi-Tris

1. Cespitoso, su legno vivo di latifoglia
2. Lamelle decorrenti color arancio
3. Cappello di colore arancio

Caratteristiche: cappello 5-15 cm, da giallo-aranciato a rosso-arancio vivo, più sbiadito con l'età, pellicola asciutta e glabra; lamelle giallo zafferano, decorrenti e piuttosto fitte; gambo con colore al cappello, spesso corto e mai centrale; carne giallo oro più scura verso la base del gambo, elastico-fibrosa, senza odore o sapore particolare. Psp. bianca. Fam. *Omphalotaceae*.

Habitat: su tronchi vivi o morti di latifoglie; raro in nord Italia, frequente in Appennino e sud Italia. Il nome farebbe presupporre che il fungo cresca solo su legno d'ulivo ma invece lo si può trovare su quasi tutte le latifoglie.

Specie similari: il colore e il suo habitat lo fanno essere un così detto »fungo fanale«. Attenzione, per i più sbadati, a non confonderlo con il comune e ottimo *Cantharellus cibarius* (finferlo o gallinaccio pag. 206).

Commestibilità: velenoso, provoca pesanti gastroenteriti.

G	F	M	A	M	G	L	A	S	O	N	D

Kuehneromyces mutabilis

Sinonimi: Pholiota mutabilis

Nome volgare: Famigliola gialla

Identi-Tris

1. Cespitoso
2. Cappelli igrofani, bicolori
3. Gambi con anello, finemente squamati

Caratteristiche: cappello 2-6 cm, con toni caldi giallo-brunastri, di solito bicolore, più chiaro al centro (igrofano), pellicola nuda o con piccole placche caduche; lamelle da ocra chiaro a color ruggine, fitte e largamente decorrenti; gambo giallo-brunastro, annerente alla base, con piccole squame al di sotto dell'anello membranoso; odore e sapore delicatamente fungino. Psp. bruno-ocracea. Fam. *Strophariaceae*.

Habitat: su vecchi tronchi o ceppi di latifoglia, raramente di conifera; in cespi composti da numerosi esemplari; comune.

Specie similari: la velenosissima *Galerina marginata* (pag. 68) è generalmente esile e ha un tenue odore di farina. Cresce preferibilmente su legno di aghifoglia e compare in gruppi di pochi esemplari, o addirittura singolarmente. L'*Hypholoma fasciculare* (leggermente tossico, pag. 77) cresce pure in cespi numerosi, ma è privo di anello sul gambo. La *Psathyrella piluliformis* (commestibile, pag. 69) ha un gambo biancastro, glabro e la carne fragile.

Commestibilità: buon commestibile, soprattutto da minestra; scartare i gambi, troppo coriacei.

G	F	M	A	M	G	L	A	S	O	N	D

Galerina marginata

Sinonimo: Pholiota marginata

1

2

Identi-Tris

1 Fungo lignicolo di piccola taglia

2 Gambo fibroso con anello

3 Tenue odore di farina

Caratteristiche: cappello 1-5 cm, bruno-ocraceo, ambrato, progressivamente schiarente dal centro al margine col tempo asciutto (igrofano), pellicola glabra e asciutta, carne sottile; lamelle da giallo ocra a giallo ruggine, poco appressate, adnate; gambo da color bruno carne a bruno ruggine, con anello sottile e membranoso, nudo sotto lo stesso; carne con leggero profumo di farina se sfregata (!). Psp. bruno ruggine. Fam. *Cortinariaceae*.

Habitat: generalmente su legno morto di aghifoglia (pino, abete bianco, peccio), più raramente di latifoglia, su ceppi e rami ricoperti di muschio; solitario o gregario; relativamente comune.

Specie similari: questa specie molto velenosa assomiglia moltissimo alla *Pholiota mutabilis* (pag. 67), che però, oltre a esser di taglia maggiore, cespitosa e preferire il legno di latifoglia, cresce già a partire da maggio e non profuma di farina. In certi casi comunque la somiglianza tra le due specie è sorprendente.

Tossicità: molto elevata. Se consumato in gran quantità il fungo può essere mortale, perché contiene amanitine, come l'*Amanita phalloides* (pag. 41). Gli avvelenamenti hanno analogo decorso e possono causare danni epatici permanenti.

G	F	M	A	M	G	L	A	S	O	N	D

Psathyrella piluliformis

Sinonimi: Psathyrella hydrophila

Identi-Tris

1. Fungo lignicolo cespitoso
2. Margine del cappello bordato da resti chiari di velo
3. Gambo biancastro, senza anello

Caratteristiche: cappello 2-5 cm, bruno scuro, tendente rapidamente al beige dal centro verso il margine con tempo asciutto (igrofano), margine striato per trasparenza per l'umidità, pellicola glabra o con fiocchi minuti, margine esterno bordato da una fascia chiara (resti del velo); lamelle color beige, poi bruno-cioccolata, fitte; gambo biancastro, con rare fibrille da giovane, senza anello; carne molle e fragile, senza odore o sapore di rilievo. Psp. bruno scura. Fam. *Coprinaceae.*

Habitat: su ceppi di latifoglia, soprattutto di faggio; cresce numeroso in cespi, dalla tarda estate all'autunno; comune.

Specie similari: la *Pholiota mutabilis* (ottimo commestibile, pag. 67) ha un colore più tendente al giallo-bruno e un gambo squamoso con anello. La *Psathyrella candolleana* (commestibile, pag. 70) è complessivamente assai più chiara e cresce prima, in particolare nei periodi più umidi d'inizio estate.

Commestibilità: commestibile, di scarso rendimento; va usato nel misto.

G	F	M	A	M	G	L	A	S	O	N	D

Psathyrella candolleana

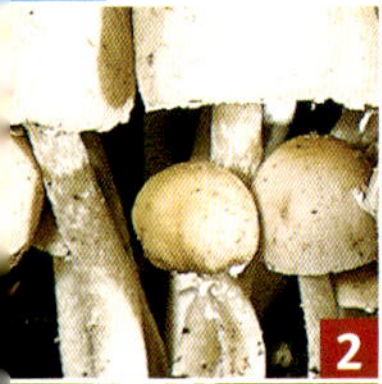

Identi-Tris

1 Specie cespitosa a cappello chiaro

2 Orlo del cappello con frange di velo bianche

3 Lamelle mature spesso con sfumature grigio-lilla

Caratteristiche: cappello 2–6 cm, da color corneo pallido a giallo miele, presto sbiadito e poi quasi biancastro (igrofano), carne sottile, margine decorato con resti sfrangiati di velo bianchi; lamelle dapprima biancastre, poi grigio-brune, spesso con sfumature lilla, fitte; gambo bianco, con qualche fibrilla e fiocco, poi glabro; carne molto morbida e friabile, inodore e insapore. Psp. bruno scura. Fam. *Coprinaceae.*

Habitat: su legno morto di latifoglia, ceppi, rami o resti legnosi sepolti (in tal caso apparentemente terricolo); da gregario a cespitoso, spesso già a inizio estate; comune.

Specie similari: la *Psathyrella piluliformis* (commestibile, pag. 69), anch'essa cespitosa, ha tonalità del cappello più tendenti al bruno scuro. Un fungo assai simile, che presenta un anello sul gambo, è la meno conosciuta e commestibile *Psathyrella leucotephra.*

Commestibilità: commestibile; poco carnoso e redditizio. Da usare tutt'al più nel misto.

G	F	M	A	M	G	L	A	S	O	N	D

Pholiota squarrosa

Identi-Tris

1. Cappello e gambo ricoperti di squame irte
2. Lamelle giallo-olivastre
3. Carne dall'aroma pronunciato

Caratteristiche: cappello 4-10 cm, da giallo paglierino a giallo-bruno, pellicola secca anche con la pioggia, con irte e fitte squame più scure, margine a lungo con frange residue di velo; lamelle giallo-olivastre, poi anche color ruggine, fitte; gambo concolore al cappello e ricoperto come questo di squame irte più scure, spesso con zona anulare alta; carne giallastra, con un particolare, intenso odore e sapore (rafano). Psp. color ruggine. Fam. *Strophariaceae*.

Habitat: ai piedi di conifere e latifoglie viventi; temuto parassita degli alberi da frutto, di cui attacca l'apparato radicale e la base del tronco, minandone la stabilità; cespitoso, comune.

Specie similari: un suo sosia classico è l'*Armillaria ostoyae* (commestibile con riserva, pag. 59). La *Pholiota aurivellus* (commestibile, pag. 72) si riconosce facilmente per il suo cappello viscoso.

Commestibilità: non commestibile; poco gradevole.

G	F	M	A	M	G	L	A	S	O	N	D

Pholiota aurivellus

Sinonimi: Pholiota cerifera

Identi-Tris

1. Cappello giallo oro, viscoso
2. Squame del cappello brune, piatte
3. Gambo asciutto, spesso con scaglie minute

Caratteristiche: cappello 5–15 cm, giallo oro vivo, con squame più scure appena sporgenti che paiono incollate sulla pellicola viscosa, brillante quando si secca; lamelle giallo-ruggine chiaro, da mature color ruggine, appressate; gambo giallastro, con o senza scaglie minute da gialline a bruno-ruggine, di solito asciutto, un po' appiccicoso solo da giovane; carne bianco-giallastra, brunastra alla base del gambo, senza odore particolare. Psp. color ruggine. Fam. *Strophariaceae*.

Habitat: su latifoglie vive o morte, soprattutto faggio o betulla, spesso fuoriuscente dalla corteccia del tronco a notevole altezza; cresce sia in cespi che singolarmente.

Specie similari: la *Pholiota squarrosa* (pag. 72) ha la superficie asciutta. Difficilmente distinguibili sono le specie affini *Pholiota limonella e Pholiota jahnii*, ma più rare.

Commestibilità: non commestibile.

G	F	M	A	M	G	L	A	S	O	N	D

Pholiota populnea

Sinonimi: Pholiota destruens – Agaricus comosus – Hemipholiota populnea

1

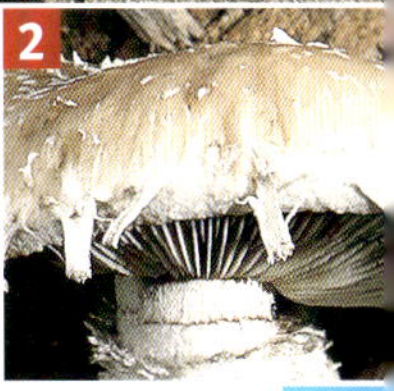

2

Identi-Tris

1 Crescita su legno di pioppo

2 Cappello non giallastro, con frange marginali pendule

3 Sapore amaro

Caratteristiche: cappello 5-15 cm, colore da legnoso sbiadito a grigio-brunastro su fondo più chiaro, coperto di squame lanose, margine ornato da frange pendule, pellicola asciutta; lamelle grigio-biancastre, poi color ruggine, un po' distanti; gambo concolore al cappello, coperto da grosse squame, compatto, con zona anulare fioccosa e caduca; carne bianco-marroncina, odore insignificante, sapore decisamente amaro. Psp. color ruggine. Fam. *Strophariaceae*.

Habitat: su tronchi di pioppo vivo e anche sul lato esterno di tronchi accatastati; da solitario a cespitoso, compare relativamente tardi; da poco diffuso a localmente comune.

Specie similari: la *Pholiota populnea* è inconfondibile per i toni di colore sporchi, mai giallastri, l'habitat su legno di pioppo e il sapore amaro. La rarissima *Pholiota heteroclita* cresce su betulla e odora di rafano.

Nota: la specie non è commestibile perché troppo amara.

G	F	M	A	M	G	L	A	S	O	N	D

Pholiota lenta

2 1

3

Identi-Tris

1 Cappello chiaro, viscoso

2 Pellicola ricoperta di piccole squame bianche

3 Lamelle con tonalità giallo-olivastre

Caratteristiche: cappello 3-10 cm, da carnicino chiaro a beige, con margine più chiaro e resti membranosi, pellicola viscosa con piccole squame bianche caduche sospese nella mucillagine; lamelle giallo-olivastro pallido, fitte; gambo biancastro, squamoso-fibroso nella parte inferiore, in quella superiore con zona anulare caduca, tinta di marrone dalle spore in massa (come nei *Cortinarius*); carne biancastra, brunastra nella parte inferiore del gambo, con leggero sapore e odore di ravanello. Psp. bruna. Fam. *Strophariaceae.*

Habitat: su rami morti di latifoglia, anche sepolti, preferibilmente su faggio; gregario.

Specie similari: quando cresce su legno sepolto può facilmente venire scambiato per un *Cortinarius* terricolo del sottogenere *Phlegmacium*. La *Pholiota lubrica*, sua rara parente commestibile, ha il cappello fulvo.

Commestibilità: commestibile; il cappello è buono nel misto.

G	F	M	A	M	G	L	A	S	O	N	D

Hypholoma lateritium

Sinonimi: Naematoloma sublateritium - Hypholoma sublateritium

Nomi volgari: Falso chiodino

1

2

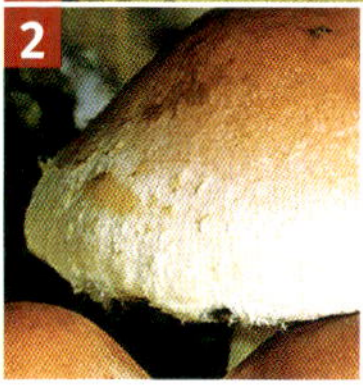

Identi-Tris

1 Fungo cespitoso con cappello rosso mattone

2 Margine del cappello con evidenti resti di velo

3 Sapore amaro

Caratteristiche: cappello 3-10 cm, color rosso mattone più o meno carico, tendente a schiarire al giallo verso l'orlo, completamente (o almeno nella fascia più esterna) ricoperto da resti giallo-verdastri di velo; lamelle da grigio-giallastre a verde-olivastre, da mature color porpora con una nota verde oliva, fitte; gambo giallastro, ricoperto da fibre di velo, non di rado con una zona anulare (cortina) appena accennata e alta; carne giallastra, marroncina nel gambo, con odore di stantio e sapore più o meno amaro. Psp. bruno-violacea. Fam. *Strophariaceae.*

Habitat: su legno morto di latifoglia, soprattutto ceppaie; da gregario a cespitoso; comune.

Specie similari: gli esemplari di taglia più esile o sbiaditi potrebbero essere confusi con l'*Hypholoma capnoides* (pag. 76) o l'*Hypholoma fasciculare* (pag. 77).

Tossicità: leggermente tossico, come l'*Hypholoma fasciculare* (cfr.). Secondo la mia personale esperienza non è praticamente possibile togliergli il sapore amaro mediante bollitura preventiva, come riportato in qualche vecchio testo micologico.

G	F	M	A	M	G	L	A	S	O	N	D

Hypholoma capnoides

Sinonimi: Naematoloma capnoides

Identi-Tris

1. Fungo cespitoso con cappello giallastro
2. Lamelle grigio fumo, senza tonalità verdi
3. Sapore dolce

Caratteristiche: cappello 2–6 cm, da giallo zolfo a giallo ocra, pellicola asciutta e quasi glabra, solo vicino al margine con tenue bordatura di velo; lamelle grigio fumo, poi da grigio-violetto a grigio-porpora, senza sfumature grigio-olivastre, appressate; gambo giallastro, con qualche fibrilla; carne bianco-giallastra, progressivamente tendente al bruno verso la base del gambo, odore leggero di muffa, sapore dolce. Psp. bruno-violacea. Fam. *Strophariaceae*.

Habitat: su ceppi di conifera (pino, abete, larice); cespitoso; relativamente comune, soprattutto nel tardo autunno, dopo le prime gelate notturne.

Specie similari: l'*Hypholoma fasciculare* (pag. 77) si distingue per le lamelle dal tipico color verde oliva, mentre l'*Hypholoma lateritium* (pag. 75) ha il cappello rosso mattone. Entrambi questi funghi hanno un sapore amaro e sono leggermente tossici. L'*Hypholoma marginatum*, di taglia inferiore, cresce meno cespitoso e si caratterizza per il gambo vistosamente ricoperto di fibre bianche.

Commestibilità: commestibile, buono nel misto. Il suo odore un po' forte, tipico degli *Hypholoma*, scompare con la cottura.

G	F	M	A	M	G	L	A	S	O	N	D

Hypholoma fasciculare

Sinonimi: Naematoloma fasciculare

Nomi volgari: Agarico fascicolato - Zolfino - Falso chiodino

Identi-Tris

1 Fungo cespitoso con cappello giallo

2 Lamelle olivastre

3 Sapore amaro

Caratteristiche: cappello 2-6 cm, colore da giallo zolfo a giallo-verde più o meno vivo, pellicola glabra e asciutta, tutt'al più con rade fioccosità caduche che ne ornano come un'impuntura il margine; lamelle con tonalità giallo-verdi, bruno-olivastre nel fungo maturo, fitte; gambo giallastro, con filamenti caduchi, talora con una zona anulare (cortina) filamentosa appena accennata; carne giallastra, con odore assai sgradevole e sapore amarissimo. Psp. bruno-violacea. Fam. *Strophariaceae*.

Habitat: su legno morto di conifera e latifoglia, in particolare su ceppaie, e anche su legno sepolto; cespitoso, molto comune.

Specie similari: l'*Hypholoma capnoides*, dal sapore dolce (pag. 76) ha le lamelle color grigio fumo e cresce su legno di conifera. L'*Hypholoma lateritium* (pag. 75) si distingue per il cappello rosso mattone e la taglia maggiore.

Tossicità: leggermente velenoso; i suoi tossici (fasciculol) provocano vomito o diarrea poco dopo l'ingestione, senza postumi. Il fungo non viene comunque consumato perché amarissimo.

G	F	M	A	M	G	L	A	S	O	N	D

Gymnopilus penetrans

Sinonimi: Gymnopilus hybridus

Identi-Tris

1. Cappello giallo-rossiccio
2. Lamelle con macchie rugginose
3. Sapore amaro

Caratteristiche: cappello 2-5 cm, da giallo-rossiccio a bruno cannella, pellicola glabra e asciutta; lamelle da giallo chiaro a bruno cannella, fitte e sottili e relativamente strette, quasi sempre con macchie color ruggine; gambo giallo pallido, ricoperto di fibre biancastre, talvolta con zona anulare filamentosa (cortina); carne giallastra, dal sapore amaro. Psp. giallo-brunastra. Fam. *Cortinariaceae*.

Habitat: su legno marcescente di conifera, più raramente di latifoglia, in particolare su ceppi o grossi rami; da gregario a cespitoso; comune.

Specie similari: l'*Hypholoma fasciculare* (leggermente tossico, pag. 77) ha un diverso colore delle lamelle e delle spore in massa. La *Pholiota mutabilis* (commestibile, pag. 67) si riconosce per il gambo squamoso e anulato. Tutti i *Gymnopilus* hanno un sapore amaro, anche il *Gymnopilus sapineus*, di colore più scuro e con cappello tomentoso, che cresce preferibilmente su tronchi di conifera.

Nota: non tossico, ma immangiabile per la carne troppo amara, comune a tutte le specie del genere.

☐

G	F	M	A	M	G	L	A	S	O	N	D

Gymnopilus junonius

Sinonimi: Gymnopilus spectabilis

1

Identi-Tris

1 Cappello squamettato e robusto

2 Gambo con anello

3 Sapore amaro

2

Caratteristiche: cappello 3-10 cm, emisferico a margine involuto per molto tempo, da giallo-rossiccio a bruno cannella, cuticola percorsa da fibrille che possono assumere anche la forma di piccole squamule; lamelle da giallo chiaro a bruno cannella, fitte e sottili e relativamente strette, adnato-decorrenti; gambo slanciato piuttosto duro e coriaceo munito di un anello permanente e molto vistoso, carne giallastra, dal sapore amaro. Psp. giallo-brunastra. Fam. *Cortinariaceae*.

Habitat: su legno marcescente di conifera (*Pinus sp.*), più raramente di latifoglia, in particolare su ceppi o grossi rami; da gregario a cespitoso; comune nelle zone collinari e meridionali d'Italia.

Specie similari: il chiodino o buona famiglia (*Armillaria mellea* pag. 60) ha lo stesso portamento ma la polvere sporale bianca; il fungo dei pirenei (*Phaeolepiota aurea*) ma quest'ultima è specie terricola e cresce solo ai lati delle strade forestali in montagna.

Nota: tossico, sindrome psilocibinica, è da considerare a tutti gli effetti un fungo allucinogeno.

G	F	M	A	M	G	L	A	S	O	N	D

Tapinella atrotomentosa

Sinonimi: Paxillus atrotomentosus

Identi-Tris

1. Cappello grande, brunastro, vellutato (tomentoso)
2. Lamelle forcate, decorrenti
3. Gambo compatto, vellutato, bruno scuro

Caratteristiche: cappello 8–25 cm, bruno scuro, carnoso, presto depresso al centro, pellicola uniformemente tomentosa, asciutta; lamelle da giallastre a ocra chiaro, viranti lentamente al bruno al tocco, fitte, forcate e con venature trasversali nei pressi del gambo, decorrenti; gambo compatto, vellutato come il cappello ma più scuro, spesso molto corto ed eccentrico; carne bianco-giallastra, coriacea, con odore acidulo e sapore amarognolo negli esemplari vecchi. Psp. bruno-ocra. Fam. *Paxillaceae*.

Habitat: su legno di conifera morta, in genere su ceppi di peccio o pino; comune.

Specie similari: la specie è quasi inconfondibile per il cappello bruno e il gambo scuro uniformemente vellutati. Da lontano i principianti scambiano spesso il fungo per un porcino, finché non scoprono con disappunto le lamelle sotto il suo capello.

Nota: la carne tenace e il sapore poco invitante della sua carne ne sconsigliano il consumo. È però assai ricercato per la tintura hobbistica della lana.

G	F	M	A	M	G	L	A	S	O	N	D

Paxillus involutus

Identi-Tris

1. Fungo medio-grande, bruno-ocra in ogni sua parte
2. Orlo del cappello a lungo involuto
3. Lamelle imbrunenti al tocco

Caratteristiche: cappello 4-8 (15) cm, da bruno ocra a color cannella, umbonato da giovane poi depresso al centro, margine tomentoso e con corte striature, lungamente involuto, pellicola più o meno secca; lamelle ocracee, che si macchiano rapidamente di bruno al tocco, fitte, forcate, con molte venature trasversali (anastomosi); gambo ocraceo, slanciato, che si macchia al tocco; carne virante al bruno (taglio), con odore e sapore acidulo-acre. Psp. color ruggine. Fam. *Paxillaceae*.

Habitat: nei boschi di aghifoglia più raramente in quelli di latifoglia, anche in parchi e giardini; molto comune.

Specie similari: *Paxillus filamentosus*, suo parente non commestibile, gli somiglia parecchio, anche se si accompagna agli ontani e ha una pellicola del cappello con lacerazioni squamose. *Paxillus ammonio-virescens* tipico della zona mediterranea che presenta una reazione verdastra sulla cuticola del cappello con vapore di ammoniaca.

Tossicità: un tempo la specie veniva spesso consumata dopo prolungata bollitura. Una sua ingestione ripetuta può però provocare danni renali o ematici. Si sono registrati rari casi di intossicazione con esito mortale relative a persone in precario stato di salute.

G	F	M	A	M	G	L	A	S	O	N	D

Gomphidius glutinosus

Nomi volgari: Gonfidio glutinoso – Chiodetto

Identi-Tris

1 Pellicola del cappello viscosa

2 Lamelle spesse, biforcate

3 Base del gambo gialla (taglio)

Caratteristiche: cappello 4-12 cm, dapprima grigio, poi scolorente al brunastro, pellicola nuda con strato vischioso debordante dal margine in sottili filamenti nel fungo giovane; lamelle biancastre, tendenti al grigio con l'età, spesse, in parte biforcate, leggermente spaziate; gambo bianco, giallo oro alla base, con la parte superiore viscosa e nettamente marginata rispetto a quella inferiore; carne bianca, giallo oro alla base del gambo, con odore e sapore quasi assente. Psp. bistronerastra. Fam. *Gomphidiaceae*.

Habitat: nei boschi di conifere, soprattutto abetaie. Relativamente diffuso in zone di mezza e alta montagna; altrimenti raro.

Specie similari: il *Gomphidius maculatus*, commestibile più raro, è un bell'accompagnatore del larice. Al tocco vira prima al rosso, poi al nero; anche la carne alla base del gambo arrossa al taglio.

Commestibilità: commestibile dalla carne tenera, buono e redditizio. La sua pellicola vischiosa andrebbe tolta già nel bosco.

G	F	M	A	M	G	L	A	S	O	N	D

Gomphidius roseus

Identi-Tris

1. Cappello rosso, untuoso
2. Lamelle biancastre, spesse
3. Gambo bianco, con zona anulare ingrossata

Caratteristiche: cappello 2-5 cm, da roseo a rosa vivo, pellicola glabra, untuosa (non viscosa come nel *Gomphydius glutinosus*); lamelle dapprima biancastre, poi da grigie a grigio-olivastre con la maturazione, spesse, abbastanza spaziate, decorrenti; gambo bianco, attenuato in basso, con un ingrossamento lanuginoso nella zona anulare; carne bianca, da giallastra a rossastra alla base del gambo, senza particolare odore e sapore. Psp. olivaceo-nerastra. Fam. *Gomphidiaceae*.

Habitat: nei boschi di pino, in particolare in terreni sabbiosi acidi, tra le eriche; relativamente diffuso, ma quasi sempre solitario. Spesso si accompagna al *Suillus bovinus* (pag. 190) a cui pare legarlo una certa affinità, tanto che i corpi fruttiferi delle due specie crescono spesso gli uni accanto agli altri.

Specie similari: il colore vivace del cappello, le lamelle spesse e decorrenti e la polvere sporica nerastra caratterizzano a sufficienza il fungo.

Commestibilità: buon commestibile; dato che cresce in esemplari isolati serve tutt'al più per arricchire il misto.

G	F	M	A	M	G	L	A	S	O	N	D

Gomphidius rutilus

Sinonimi: Gomphidius viscidus - Chroogomphus rutilus

Nomi volgari: Gonfidio viscido - Chiodello

Identi-Tris

1. Cappello umbonato e viscido
2. Lamelle color rame, spaziate
3. Gambo attenuato alla base

Caratteristiche: cappello 3-8 cm, talvolta con tono violetto, conico o umbonato, pellicola viscida; lamelle color grigio-rame, poi bruno-porpora scuro, spaziate; gambo color arancio-ramato, ricoperto da fibrille giallo-ocracee, slanciato, con base attenuata, spesso ingrossato a collare nella parte superiore, non viscido; carne giallastra, anche con macchie rosso vino, giallo oro alla base del gambo, odore e sapore insignificanti. Psp. nero-olivastra. Fam. *Gomphidiaceae.*

Habitat: nei boschi di aghifoglie, soprattutto pini, in qualsiasi tipo di terreno; relativamente comune, anche se non compare mai in massa.

Specie similari: sotto il peccio e il pino cembro cresce il *Gomphidius helveticus*, commestibile di colore più aranciato. Questo fungo non ha viscido né il cappello né il gambo, che assumono presto un colore rosso-vinaceo. Nei boschi misti di pini e abeti le due specie possono comparire contemporaneamente, ma attenzione a non confonderli, specie nei giovani esemplari, con il temibilissimo *Cortinarius rubellus* o *speciosissimus* (pag. 140) che ha una polvere sporale ocra.

Commestibilità: buon fungo commestibile.

G	F	M	A	M	G	L	A	S	O	N	D

Hygrophoropsis aurantiaca

Sinonimi: Clitocybe aurantiaca

1

2

Identi-Tris

1 Pellicola del cappello fibrillosa

2 Lamelle ramificate

3 Inodore e insapore

Caratteristiche: cappello 2-6 cm, da giallo pallido a color arancio vivo, centro leggermente depresso, pellicola asciutta con fibrille; lamelle giallastre, giallo carico o arancione, fitte, ripetutamente biforcate; gambo concolore al cappello, nudo, attenuato alla base: carne molle, senza particolare odore e sapore. Psp. bianca. Fam. *Paxillaceae*.

Habitat: nelle foreste di conifere d'ogni tipo, sia su terra che detriti legnosi, perfino su ceppi; gregario, molto comune.

Specie similari: il fungo è un classico sosia del *Cantharellus cibarius* (gallinaccio, pag. 206), con cui non è per nulla imparentato. Il *Cantharellus cibarius* si distingue per il vago odor di susina e il sapore acidulo-piccante, due caratteristiche che consentono anche al principiante di non confonderlo con l'*Hygrophoropsis aurantiaca*.

Commestibilità: non commestibile, ha causato alcuni casi di deboli intossicazioni gastro-intestinali.

G	F	M	A	M	G	L	A	S	O	N	D

Clitopilus prunulus

Nomi volgari: Prugnolo – Grumato grigio – Lievitato

Identi-Tris

1 Cappello e gambo bianchi

2 Lamelle rosate

3 Odore e sapore di farina

Caratteristiche: cappello 4–12 cm, da bianco candido a bianco-grigiastro, superficie opaca e asciutta; lamelle dapprima bianco crema tendenti poi al rosa con la maturazione delle spore, fitte; gambo bianco, in genere attenuato alla base; carne bianca, relativamente molle, con gradevole odore e sapor di farina al minimo tocco. Psp. rosa. Fam. *Entolomataceae*.

Habitat: nei boschi di latifoglia e aghifoglia, sul terreno tra l'erba e il muschio; gregario, localmente comune.

Specie similari: i funghi bianchi con le lamelle decorrenti lungo il gambo possono facilmente essere scambiati per alcune *Clitocybe* tossiche, ad es. la *Clitocybe rivulosa* (pag. 96) o la *Clitocybe phylophilla*. Entrambe contengono muscarina (veleno neurotropico). Per essere certi dell'identificazione bisognerebbe esaminare la polvere sporale, che nel *Clitopilus prunulus* è chiaramente rosea, mentre nelle *Clitocybe* velenose è o bianca o color crema.

Commestibilità: fungo ottimo e redditizio. Talvolta può avere una nota amarognola.

G	F	M	A	M	G	L	A	S	O	N	D

Hygrophorus hypothejus

1

2

Identi-Tris

1 Cappello e gambo glutinosi

2 Lamelle giallastre

3 Crescita in boschi di pino ad autunno inoltrato

Caratteristiche: cappello 1–6 cm, bruno-olivastro o grigio-olivastro, scolorante al giallino con l'età, pellicola glutinosa, centro spesso depresso-umbonato; lamelle giallastre, spesse, spaziate; gambo giallognolo, con una particolare incidenza di luce anche biancastro, glutinoso, con il glutine che talvolta s'ingrossa a formare un collare, attenuato in basso; carne bianco-giallognola, molle, tenace nel gambo, odore da neutro a leggermente fruttato, sapore gradevole, quasi dolce. Psp. bianca. Fam. *Hyghrophoraceae*.

Habitat: boschi di pino, nel tardo autunno; compare preferibilmente su terreni sabbiosi dopo le prime gelate notturne; frequente.

Specie similari: l'*Hygrophorus olivaceoalbus* (commestibile, pag. 88) è un comune abitatore delle abetaie, dal suolo acido e ricco di muschio. L'*Hygrophorus pustulatus* non presenta parti glutinose e si distingue per le lamelle bianche e il gambo punteggiato da piccole squamature nerastre.

Commestibilità: commestibile buono, molto gradito prima della stasi invernale; la sua crescita in massa ne fa un fungo redditizio nonostante la piccola taglia.

G	F	M	A	M	G	L	A	S	O	N	D

Hygrophorus olivaceoalbus

1

2

Identi-Tris

1 Cappello e gambo glutinosi

2 Lamelle bianche

3 Crescita sotto abete rosso

Caratteristiche: cappello 2-6 cm, grigio o bruno-olivastro, con centro campanulato-umbonato più scuro, margine schiarente al bianco, pellicola glutinosa; lamelle bianche, spesse, spaziate, spesso solo poco decorrenti; gambo più o meno vischioso, con zonature più scure per accumulo di glutine, fascia apicale bianca; carne bianca, senza particolare odore e sapore. Psp. bianca. Fam. *Hygrophoraceae*.

Habitat: nelle abetaie su terreno acido ricco di muschio, sovente in gruppi tra zone paludose; comune.

Specie similari: l'H. *hypothejus* (commestibile, pag. 87) ha lamelle giallognole e accompagna il pino. In terreni calcarei, sotto latifoglia si trova l'*Hygrophorus personii*, mentre l'*Hygrophorus latitabundus* compare sotto il pino. Tutt'e due sono più rari, di taglia maggiore e parimenti commestibili.

Commestibilità: commestibile saporito, redditizio per la frequente comparsa in gruppi.

G	F	M	A	M	G	L	A	S	O	N	D

Hygrophorus penarius

Nomi volgari: Lardaiolo bianco

1

2

Identi-Tris

1 Cappello, lamelle e gambo bianchi

2 Gambo attenuato alla base

3 Crescita sotto quercia

Caratteristiche: cappello 4-15 cm, color bianco, bianco avorio, al centro un largo umbone che a maturità si colora di color crema, margine lobato-sinuoso, cuticola del cappello sericea ed asciutta. Lamelle bianche, spesse, spaziate, decorrenti a maturità; gambo bianco, solido e carnoso, leggermente attenuato verso la base; carne bianca, odore molto particolare di latte bollito, sapore gradevole. Psp. bianca. Fam. *Hygrophoraceae*.

Habitat: nei querceti di tutta Italia e molto diffuso in autunno ed inizio inverno, raramente lo si trova anche al di fuori del suo habitat tipico.

Specie similari: i funghi bianchi con le lamelle decorrenti lungo il gambo possono facilmente essere scambiati per alcune *Clitocybe* tossiche, ad es. la *Clitocybe rivulosa* (pag. 96) o la *Clitocybe phylophilla*. Entrambe contengono muscarina (veleno neurotropico). I caratteri distintivi sono l'odore di farina rancida nelle clitocibi e le lamelle più spaziate e ceracee negli igrofori.

Commestibilità: buon fungo commestibile, raccolto in molte zone d'Italia.

G	F	M	A	M	G	L	A	S	O	N	D

Hygrophorus russula

Nomi volgari: Lardaiolo – Lardaiolo rosso

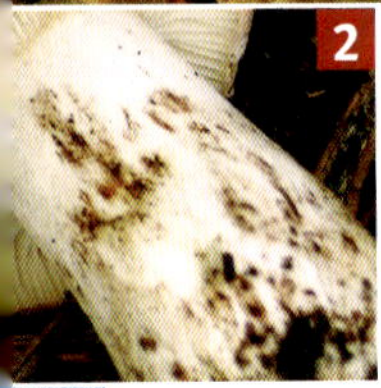

Identi-Tris

1. Taglia robusta
2. Cappello, lamelle e gambo con toni rosso-vincei
3. Crescita sotto quercia

Caratteristiche: cappello 4–15 cm, inizialmente color bianco, in seguito con macchie e tonalità rosa-lilla e rosso-vinoso, emisferico con piccole squamette al centro, margine a lungo involuto, cuticola del cappello viscida con la pioggia. Lamelle inizialmente bianche, poi con macchie color porpora, fitte, poco decorrenti; gambo concolore al cappello, solido e tozzo, leggermente attenuato verso la base; carne bianca, con sfumature rosate, sapore leggermente amarognolo. Psp. bianca. Fam. *Hygrophoraceae*.

Habitat: nei boschi di latifoglia specie querceti, molto diffuso in autunno ed inizio inverno.

Specie similari: altri igrofori di questo gruppo con colori similari sono *Hygrophorus erubescens*, e *Hygrophorus persicolor* non commestibili per il sapore amaro, crescono sotto abete rosso.

Commestibilità: buon fungo commestibile, raccolto in molte zone d'Italia, ottimo se conservato sott'olio.

G	F	M	A	M	G	L	A	S	O	N	D

Hygrophorus pudorinus

1

1	Taglia robusta color rosa salmone
2	Odore resinoso
3	Crescita sotto abete bianco

Identi-Tris

Caratteristiche: cappello 4-12 cm, carnoso e sodo, emisferico raramente tutto disteso di colore delicato, arancio rosato fino a giallo miele, in seguito a maturità con sfumature grigio-verdastre; margine a lungo involuto, cuticola del cappello viscida a tempo umido, untuosa a tempo secco e separabile dalla carne. Lamelle inizialmente bianche, poi color albicocca, spaziate e poco decorrenti; gambo bianco, cilindrico leggermente pruinoso nella parte superiore; carne bianca, con sfumature rosate, sapore leggermente amarognolo. Psp. bianca. Fam. *Hygrophoraceae*.

Habitat: specie legata all'abete bianco, abbondante nel periodo autunnale.

Specie similari: *Hygrophorus poetarum* è specie simile ma cresce sotto i faggi, cappello più asciutto e l'odore ricorda il Balsamo del Perù.

Commestibilità: buon fungo commestibile, raccolto in molte zone d'Italia, ottimo se conservato sott'olio.

G	F	M	A	M	G	L	A	S	O	N	D

Clitocybe clavipes

Nomi volgari: Agarico clavato

Identi-Tris

1 Fungo carnoso di taglia media

2 Lamelle molto decorrenti

3 Base del gambo claviforme

Caratteristiche: cappello 4-10 cm, in varie tonalità di grigio o marrone, con centro umbonato soprattutto da giovane, poi piano o leggermente depresso, pellicola asciutta, glabra e liscia; lamelle da biancastre a giallo crema, sottili, poco fitte; gambo concolore al cappello o un po' più pallido, ingrossato a forma di clava alla base; carne biancastra, relativamente molle e acquosa, odore e sapore insignificante. Psp. bianca. Fam. *Tricholomataceae*.

Habitat: nei boschi di conifere e latifoglie, gregario su substrati di foglie o aghi marcescenti di cui si nutre; in ogni tipo di suolo; comune ovunque.

Specie similari: la *Elitocybe nebularis* (commestibile con riserva, pag 98) si riconosce per il forte odore dolciastro.

Commestibilità: leggermente tossico se consumato in associazione a bevande alcoliche. Contiene dei principi attivi ancora sconosciuti che associati all'alcol, provocano vampate di calore, accessi di sudorazione, dolori di testa, anche una leggera insufficienza respiratoria, effetti analoghi a quelli causati dal *Coprinus atramentarius* (pag. 144). Se si vuole consumare la *Clitocybe clavipes* va quindi evitata l'assunzione di alcolici prima, durante e dopo il pasto.

G	F	M	A	M	G	L	A	S	O	N	D

Clitocybe gibba

Sinonimi: Clitocybe infundibuliformis

Nomi volgari: Agarico infundibuliforme – Imbutino

Identi-Tris

1. Cappello ocraceo chiaro e opaco
2. Centro del cappello con un piccolo umbone, nel giovane più evidente
3. Lamelle fitte, forcate

Caratteristiche: cappello 3-8 cm, da color cuoio pallido a rossastro-ocraceo, orlo spesso rialzato a imbuto, centro con umbone piccolo ma evidente, pellicola asciutta, setosa-tomentosa; lamelle biancastre, molto decorrenti, in parte forcate; gambo bianco o concolore al cappello, slanciato, nudo, con fioccosità bianche di micelio alla base; carne biancastra, elastica, con leggero odore di olio di mandorle amare. Psp. bianca. Fam. *Tricholomataceae*.

Habitat: nei boschi di latifoglia e conifera su qualsiasi suolo, in radure, lungo i cigli stradali, anche nei parchi; molto comune ovunque da nord a sud, compare già ad inizio estate.

Specie similari: le somiglia parecchio la *Clitocybe costata*, una sua stretta parente commestibile. La *Clitocybe geotropa* (pag. 94) è di taglia maggiore e cresce in cerchi su suoli calcarei. È anch'essa commestibile.

Commestibilità: commestibile, buono nel misto. Il fungo contiene lievi quantità di acido prussico, innocue per l'uomo, con cui tiene lontane le lumache, molto sensibili alla sostanza.

G	F	M	A	M	G	L	A	S	O	N	D

Clitocybe geotropa

Nomi volgari: Agarico geotropo - Ordinale - Cimballo

Identi-Tris

1. Carpofori di notevoli dimensioni
2. Cappello ocraceo chiaro e opaco
3. Odore aromatico particolare

Caratteristiche: cappello 5-20 cm, da color caffelatte pallido a rossastro-ocraceo, orlo spesso rialzato a imbuto, con papilla centrale, pellicola asciutta, setosa-tomentosa un po' igrofano; lamelle biancastre, adnato-decorrenti; gambo bianco o concolore alle lamelle, slanciato, cilindrico, nudo, con fioccosità bianche di micelio alla base; carne biancastra elastica, con odore particolare forte difficilmente definibile, lavanda, sapone, mandorle ecc ... Psp. bianca. Fam. *Tricholomataceae.*

Habitat: gregario in prati incolti, ai margine dei boschi in prossimità di latifoglie. Può formare i famosi »cerchi delle streghe«.

Specie similari: tutte le clitocibi del gruppo dell'imbutino ma fortunatamente nessuna di queste è tossica. *Aspropaxillus giganteus* (pag 97) simile nel portamento ma completamente bianco e comunque commestibile.

Commestibilità: buon fungo commestibile, ricercato in alcune regioni d'Italia.

G	F	M	A	M	G	L	A	S	O	N	D

Clitocybe odora

Sinonimi: Viridis odora
Nomi volgari: Anicino

Identi-Tris

1. Cappello liscio, verdastro
2. Esemplari giovani spesso con umbone
3. Odore d'anice

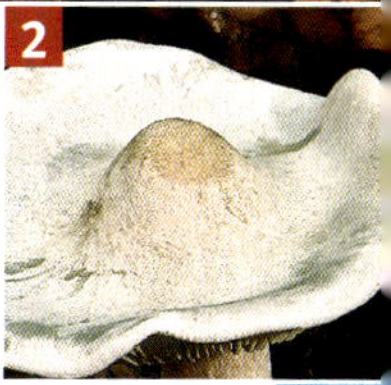

Caratteristiche: cappello 3-8 cm, verdastro o verde-azzurro, talvolta molto pallido o addirittura biancastro, centro umbonato (e quindi abbastanza carnoso), più raramente spianato, pellicola asciutta, pruinosa; lamelle da biancastre a verde pallido, non troppo fitte, da leggermente a profondamente decorrenti; gambo verdastro concolore al cappello o più pallido; carne da biancastra a verdastra a seconda del contenuto d'acqua, con forte odore di anice e sapore dolce. Psp. bianca. Fam. *Tricholomataceae.*

Habitat: nei boschi di latifoglia e conifera, comunemente sotto il faggio o il peccio, dove cresce nello strato di humus del terreno; si presenta gregario, disposto in file, archi o cerchi; comune.

Specie similari: gli esemplari più sbiaditi potrebbero venire scambiati per la *Clitocybe fragrans*, che ha la carne più esile e contiene muscarina (veleno neurotropico).

Commestibilità: commestibile; l'aroma di anice, non a tutti gradito, può venire attenuato (ma non eliminato del tutto) sbollentando preventivamente il fungo.

G	F	M	A	M	G	L	A	S	O	N	D

Clitocybe rivulosa

Sinonimi: Clitocybe dealbata

Identi-Tris

1. Fungo bianco in ogni sua parte
2. Cappello con decorazioni concentriche
3. Habitat erboso

Caratteristiche: cappello 2-5 cm, da giovane bianco candido, con pellicola secca, pruinosa, poi pruina che si stacca concentricamente o a placche, mettendo a nudo la pelle sottostante carnicina chiara; lamelle biancastre, fitte, spesso appena decorrenti; gambo bianco, da vecchio tendente al color carne e cavo; carne da bianca a carnicina a seconda del contenuto d'acqua, odore tipico lievemente agrodolce. Psp. bianca. Fam. *Tricholomataceae*.

Habitat: sui margini erbosi dei campi, pascoli, prati coltivati; cresce in gruppi e cerchi; relativamente comune.

Specie similari: bisogna fare attenzione a non confondere questa *Clitocybe*, contenente muscarina, con *Marasmius oreades* (gambe secche pag 122) commestibili che crescono e si raccolgono nei prati. Le specie tossiche *Clitocybe phyllophila* e *Clitocybe candicans* le somigliano, ma crescono in habitat boschivo.

Tossicità: la muscarina, veleno neurotropico, dopo un breve periodo di latenza dà luogo a accessi di sudorazione, turbe visive, vomito e coliche. Gli esiti mortali sono rari, ma non del tutto esclusi.

G	F	M	A	M	G	L	A	S	O	N	D

Aspropaxillus giganteus

imi: Leucopaxillus giganteus – Clitocybe candida – Leucopaxillus candidus

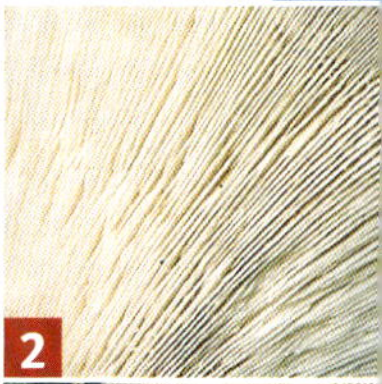

Identi-Tris

1. Cappello ampio, imbutiforme
2. Lamelle molto fitte
3. Gambo corto, rastremato

Caratteristiche: cappello 10-30 cm, bianco, da color crema a ocraceo chiaro, depresso al centro a forma d'imbuto, margine a spigolo netto e ondulato, pellicola asciutta e opaca; lamelle biancastre, molto fitte; gambo assai corto in proporzione all'ampio cappello, quasi sempre rastremato; carne biancastra, senza particolare odore e sapore. Psp. bianca. Fam. *Tricholomataceae.*

Habitat: in genere al di fuori del bosco, su prati, pascoli, non di rado anche nelle radure; si presenta in grandi cerchi, file o archi; relativamente raro ma fedele al luogo di crescita.

Specie similari: la *Clitocybe geotropa* (pag. 94 commestibile) predilige i terreni calcarei e s'incontra più frequentemente nei boschi. Al centro del suo cappello si trova sempre un piccolo umbone a forma di capezzolo e il gambo è relativamente lungo.

Commestibilità: commestibile redditizio. Il fungo produce delle sostanze antibiotiche (clitocybina) che distruggono temporaneamente la vegetazione erbacea attorno ai suoi corpi fruttiferi. L'anno seguente l'erba ricrescerà come prima.

G	F	M	A	M	G	L	A	S	O	N	D

Clitocybe nebularis

Sinonimi: Lepista nebularis

Nomi volgari: Agarico nebbioso - Ordinario

1

2

Identi-Tris

1. Cappello grigio-bruno, carnoso
2. Lamelle fitte, poco decorrenti
3. Penetrante odore dolciastro

Caratteristiche: cappello 5-15 cm, da grigio a grigio-bruno, raramente biancastro, carnoso, con centro umbonato o convesso, poi depresso, pellicola nuda, da semiopaco a pruinoso; lamelle da bianche a color crema, fitte, strette, non troppo decorrenti; gambo con sfumature concolori al cappello, da cilindrico a clavato, leggermente fibrilloso; carne bianca, con odore e sapore forte e dolciastro che ricorda la farina. Psp. bianca. Fam. *Tricholomataceae*.

Habitat: nei boschi di latifoglie e conifere, tipico saprofita dei substrati di humus; cresce in file e cerchi, molto comune.

Specie similari: questa specie è ben caratterizzata dal suo forte odore. Un aroma di farina più spiccato e puro lo emana invece l'*Entoloma sinuatum* (tossico, pag. 125), le cui lamelle da mature si colorano di rosa salmone.

Commestibilità: commestibile che va però bollito (eliminare l'acqua di cottura!) preventivamente. Lo si potrà poi friggere in padella, tenendo presente che il fungo può dar luogo ad intolleranza. Quanti non ne sopportano l'intenso odore evitino di consumarlo.

G	F	M	A	M	G	L	A	S	O	N	D

Lepista flaccida

Sinonimi: Clitocybe inversa – Lepista inversa

Identi-Tris

1. Cappello da ocra a fulvo
2. Centro del cappello depresso, senza umbone
3. Lamelle molto decorrenti

Caratteristiche: cappello 3-8 cm, da ocra-brunastro a fulvo-brunastro, centro depresso a imbuto, carne sottile, pellicola spesso brillante ma asciutta; lamelle da biancastre a crema-rossastre, fitte, strette, molto decorrenti; gambo più chiaro del cappello, slanciato, presto cavo, base spesso ricurva; carne bianca solo nella parte più interna, altrimenti rosso-brunastra, senza odore e sapore di rilievo. Psp. bianca. Fam. *Tricholomataceae.*

Habitat: nei boschi di aghifoglie e latifoglie, senza particolari esigenze in fatto di terreno; forma spesso dei cerchi; comune.

Specie similari: un tempo si era soliti distinguere la *Lepista inversa*, dalla colorazione più tendente al fulvo, dalla sua variante *Lepista flaccida*, più pallida e tipica della latifoglia, distinzione che oggigiorno appare superata. La commestibile *Lepista gilva* cresce nelle foreste di conifere montane e possiede un cappello maculato più scuro.

Commestibilità: commestibile; va cotto per bene; di difficile digestione in quantità troppo abbondante.

G	F	M	A	M	G	L	A	S	O	N	D

Lepista nuda

Sinonimi: Tricholoma nudum - Rhodopaxillus nudus

Nomi volgari: Agarico violetto - Tricholoma nudo - Lardaiolo violetto

Identi-Tris

1. Cappello spesso lilla o violetto
2. Lamelle e gambo immutabilmente violetti
3. Aroma gradevole

Caratteristiche: cappello 4-10 cm, violetto o brunastro (leggermente igrofano), da convesso a umbonato al centro, pellicola nuda, asciutta; lamelle violette, fitte, sinuose, in genere con largo raccordo ascendente al gambo; gambo violetto pallido, cilindrico, ricoperto di fibrille, con base avvolta da ife miceliari fioccose violette; carne violacea più o meno scura per l'umidità, gradevolmente aromatica. Psp. rosa carnicino chiaro. Fam. *Tricholomataceae.*

Habitat: nei boschi di aghifoglia e latifoglia, in parchi e giardini, nelle aree di compostaggio; comune.

Specie similari: la *Lepista personata* presenta una colorazione violetta solo nella zona del gambo. La poco carnosa *Lepista sordida* var. *lilacea* è quasi identica alla *Lepista nuda,* di cui però non ha mai il piacevole aroma, odorando invece di muffa o terra. Tutte le *Lepista* citate sono commestibili.

Commestibilità: commestibile; è un fungo saporito, che si può usare in molti modi e si presta anche ad essere congelato. Pare che il suo consumo abbassi la pressione sanguigna.

G	F	M	A	M	G	L	A	S	O	N	D

Leucopaxillus gentianeus

Sinonimi: Clitocybe amara - Tricholoma amarum

1

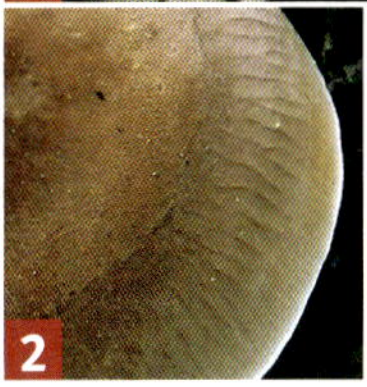

2

Identi-Tris

1 Cappello color bruno, finemente tomentoso

2 Bordo del cappello ondulato e costolato

3 sapore amaro

Caratteristiche: cappello 5-12 cm, da emisferico a convesso fino a spianato con il centro depresso; colore bruno più o meno scuro a maturità assume una colorazione bruno rossastro sbiadito; bordo a lungo involuto e spesso costolato; cuticola tormentosa, vellutata infine liscia; lamelle negli esemplari giovani bianche candide, con sfumature e tonalità rossastre a maturità, appena decorrenti (per un dentino) al gambo; gambo cilindrico-clavato, imbrunente al tocco, base con abbondante residui di micelio bianco; carne bianca, soda ed elastica, odore gradevole di farina e sapore amaro. Psp. bianca. Fam. *Tricholomataceae*.

Habitat: largamente distribuito nei boschi di aghifoglia e di latifoglia, sia a nord che a sud, cresce formando cerchi, archi o righe.

Specie similari: alcune specie appartenenti ai generi *Tricholoma* e *Melanoleuca* possono essere confuse con questa specie, il sapore amaro rimane la caratteristica più importante e più semplice per il giusto riconoscimento.

Commestibilità: non commestibile per il sapore molto amaro.

G	F	M	A	M	G	L	A	S	O	N	D

Lyophyllum connatum

Sinonimi: Clitocybe connata

Identi-Tris

1. Fungo di colore bianco in ogni sua parte
2. Crescita cespitosa
3. Odore erbaceo

Caratteristiche: cappello 2-6 cm, bianco ghiaccio raramente un po' grigiastro, convesso ma presto appiattito, cuticola glabra e opaca; lamelle bianco, bianco-crema a maturità, arcuate e un po' decorrenti, più o meno fitte; gambo bianco, allungato e attenuato alla base, apice leggermente pruinoso; carne bianca, odore tipicamente erbaceo, sapore insignificante. Psp. bianca. Fam. *Tricholomataceae*.

Habitat: spesso ai bordi di sentieri e strade forestali ma, anche nei giardini e boschi di aghifoglia o latifoglia; gregario o cespitoso; frequente.

Specie similari: si confonde facilmente con alcune clitocibi bianche (pag. 96) notoriamente tossiche (muscarina, veleno neurotropico) dalle quali si distingue per il modo di crescita cespitoso, per l'odore tipicamente erbaceo ed infine, per una reazione chimica delle lamelle che al contatto del solfato di ferro assumono una colorazione violetta

Commestibilità: commestibile, ma non da tutti apprezzato per il forte odore; da molti scartato per la presenza di sostanze antibiotiche (liofillina) scoperte di recente, delle quali ancora non se ne sanno le conseguenze.

G	F	M	A	M	G	L	A	S	O	N	D

Lyophyllum decastes

Sinonimi: Clitocybe coffeata – Lyophyllum aggregatum

Identi-Tris

1 Fungo medio-grande dall'ampio cappello brunastro

2 Crescita cespitosa

3 Consistenza elastica

Caratteristiche: cappello 3–15 cm, in diverse tonalità grigio-brunastre, talvolta anche molto pallide, monocolore o con macchie più chiare o fibrille radiali, pellicola opaca, asciutta; lamelle biancastre, fitte; gambo biancastro da giovane, poi sempre più concolore al cappello, da cilindrico a claviforme, nudo, tipicamente cespitoso, molti gambi fuoriescono da una comune »radice a fittone« centrale che penetra nel terreno morbido; carne biancastra, elastica, con odore e sapore poco pronunciato. Psp. bianca. Fam. *Tricholomataceae*.

Habitat: nei boschi radi di latifoglia e misti, lungo i margini dei viottoli, in parchi e giardini; predilige i terreni soffici, ricchi di humus; comune.

Specie similari: *Lyophyllum decastes* essendo un fungo molto variabile nell'aspetto, viene spesso suddiviso da alcuni autori in diverse specie e sottospecie. *Entoloma nidorosum* è simile e velenoso ma, con polvere sporale rosa. *Lyophyllum connatum* (pag. 102), anch'esso cespitoso, ha un odore erbaceo ed è tutto bianco. La sua commestibilità è ancora controversa.

Commestibilità: commestibile saporito (usare solo il cappello).

G	F	M	A	M	G	L	A	S	O	N	D

Calocybe gambosa

Sinonimi: Tricholoma georgii - Calocybe georgii

Nomi volgari: Fungo di S. Giorgio - Maggiolino - Prugnolo - Fungo della saetta

Identi-Tris

1. Fungo primaverile, dal cappello quasi sempre chiaro
2. Lamelle molto appressate
3. Odore di farina

Caratteristiche: cappello 3-10 cm, di solito biancastro pallido, da color crema ad avorio, ma anche giallastro o carnicino-brunastro, centro gibboso-umbonato e carnoso, da giovane a volte con tipica forma di zoccolo, pellicola opaca, asciutta; lamelle da bianche a color crema, molti fitte; gambo bianco, compatto; carne bianca, intenso odore e sapore di farina. Psp. bianca. Fam. *Tricholomataceae*.

Habitat: nei boschi misti e di latifoglia, (soprattutto presso *Rosacee*) anche rivieraschi, lungo i corsi d'acqua, in parchi e giardini; cresce gregario nel periodo di comparsa delle morchelle (primavera); frequente.

Specie similari: un classico sosia di questo fungo è la pericolosa *Inocybe erubescens* (= *I. patouillardii*) dalla carne arrossante (pag. 133) che cresce nello stesso periodo. La *Lepista irina* ha un profumo più gradevole e cresce in autunno.

Commestibilità: commestibile; apprezzato fungo mangereccio primaverile. L'aroma intenso si può ridurre con bollitura preventiva. Gli esemplari troppo vecchi possono provocare disturbi digestivi.

G	F	M	A	M	G	L	A	S	O	N	D

Melanoleuca brevipes

Sinonimi: Tricholoma brevipes

Identi-Tris

1. Cappello da grigio scuro a bruno scuro
2. Lamelle mai candide
3. Carne alla base del gambo brunastra (sezione)

Caratteristiche: cappello 3-8 cm, da grigio-brunastro a grigio fuliggine o anche bruno-fulvo scuro, con fasce o macchie sbiadite (igrofano), umbonato, pellicola asciutta; lamelle da grigio-biancastre a crema sporco, mai candide, fitte; gambo concolore al cappello, con fibrelle longitudinali, più corto del diametro del cappello; carne biancastra, tendente al brunastro verso la base del gambo, elastica, odore e sapore insignificanti. Psp. bianca. Fam. *Tricholomataceae*.

Habitat: nelle radure boschive, ai margini di viottoli e strade, in luoghi erbosi, parchi e giardini; comune.

Specie similari: le *Melanoleuca* si distinguono dai *Tricholoma* veri e propri per la carne più elastica e il cappello igrofano e perché non vivono in simbiosi con gli alberi. Altri rappresentanti del genere presentano un gambo più lungo, ma sono di solito difficilmente distinguibili tra loro. Nessuna delle specie è tossica. La *Melanoleuca cognata* ha un cappello e gambo da rosso-ocra a bruno-carnicino e le lamelle tipicamente color albicocca.

Commestibilità: commestibile, buono nel misto. Scartare il gambo coriaceo.

G	F	M	A	M	G	L	A	S	O	N	D

Tricholoma saponaceum

Nomi volgari: Saponaccio

1

2

Identi-Tris

1. Cappello asciutto, più chiaro verso il bordo
2. Carne virante lentamente al rosso-brunastro al tocco
3. Odore di acqua saponata

Caratteristiche: cappello 4-10 cm, di solito verde-olivastro o grigio-verde, ma anche grigio scuro, giallo-olivastro o bianco candido, le forme scure con orlo più chiaro, pellicola asciutta e liscia; lamelle da bianco sporche a giallo-verdastre, spesse, un po' spaziate; gambo più chiaro del cappello, con fibre o squame; carne biancastra, dopo un po' moderatamente arrossante e con odore di acqua saponata, sapore di muffa, di rado lievemente farinaceo. Psp. bianca. Fam. *Tricholomataceae*.

Habitat: nei boschi di latifoglie e conifere; senza particolari esigenze in fatto di terreno, comune ovunque.

Specie similari: questa specie, per la sua estrema mutevolezza, viene suddivisa in diverse varietà, che sono però tutte riconoscibili per la carne arrossante o al più tardi, quando si secca, per via dell'odore di acqua saponata che emana.

Tossicità: leggermente tossico; può provocare malessere e vomito e quindi ne è sconsigliato il consumo. In qualche vecchio testo micologico è considerato commestibile in modica quantità e nel misto, dopo bollitura preventiva.

G	F	M	A	M	G	L	A	S	O	N	D

Tricholoma terreum

Nomi volgari: Moretta

Identi-Tris

1. Cappello esile, grigio topo o grigio-nerastro, sericeo
2. Lamelle con tonalità grigia
3. Odore di farina assente

Caratteristiche: cappello 3-8 cm, da grigio chiaro a grigio-nerastro, relativamente poco carnoso, pellicola asciutta, sericeo-fibrosa; lamelle biancastre con evidente tonalità grigio cenere, leggermente spaziate, più larghe della carne del cappello (sezione verticale); gambo biancastro, nudo o con una cortina grigiastra filamentosa e caduca nella parte superiore (resti del velo); carne bianco-grigiastra, senza odore e sapore particolare. Psp. bianca. Fam. *Tricholomataceae*.

Habitat: nei boschi di aghifoglie e misti; sotto il pino in terreno sabbioso e calcareo; comune, compare in massa nel tardo autunno.

Specie similari: il *Tricholoma argyraceum*, commestibile, ha la stessa taglia ma la carne ingiallente alla lesione. Il *Tricholoma pardinum* (velenoso, pag. 108), più massiccio, cresce in terreno calcareo e si distingue per il cappello carnoso squamato. Il *Tricholoma orirubens*, commestibile dalla carne arrossante, ama i faggeti su suolo calcareo. Tutte le specie citate hanno odore di farina.

Commestibilità: commestibile; buono nel misto ma poco aromatico se cucinato da solo.

G	F	M	A	M	G	L	A	S	O	N	D

Tricholoma pardinum

Sinonimi: Tricholoma tigrinum - Tricholoma pardalotum

Nomi volgari: Agarico tigrato

Identi-Tris

1. Grigio, compatto Tricholoma amante dei suoli calcarei
2. Apice del gambo imperlato di goccioline limpide
3. Odore di farina

Caratteristiche: cappello 4-10 cm, grigio o grigio-brunastro, carnoso, pellicola asciutta, con squame da minute a grosse su tutta la superficie; lamelle biancastre, fitte; gambo biancastro, compatto; le lamelle e la parte superiore del gambo secernono delle goccioline acquose (eccetto quando il tempo è asciutto); corteccia del gambo imbrunente al tocco; carne biancastra, con odore e sapore di farina. Psp. bianca. Fam. *Tricholomataceae.*

Habitat: nei boschi di latifoglie e aghifoglie, sotto faggio, quercia, abete rosso o bianco; solo in terreno calcareo; non diffuso ovunque; localmente anche comune.

Specie similari: questo fungo può facilmente venire confuso con altre specie imparentate commestibili, di cui consigliamo la raccolta ai soli esperti, in particolare l'inodore *Tricholoma terreum* (pag. 107).

Tossicità: da mezz'ora sino a tre ore dopo l'ingestione si manifestano violenti dolori gastrici, malessere e vomito. Si sono già registrati esiti mortali in caso di avvelenamenti gravi.

G	F	M	A	M	G	L	A	S	O	N	D

Tricholoma equestre

Sinonimi: Agaricus equestris - Tricholoma flavovirens - Tricholoma auratum

Nomi volgari: Agarico equestre - Agarico dei cavalieri

Identi-Tris

1. Cappello giallo-verdastro, appiccicoso
2. Lamelle giallo zolfo, fitte
3. Odore e sapore di farina

Caratteristiche: cappello 4-12 cm, da giallo-verdastro a verde-brunastro vivo, centro spesso ondulato e più scuro, pellicola appiccicoso-viscosa e quindi spesso con resti di sabbia attaccata, nuda o finemente squamata; lamelle giallo zolfo da pallido a vivo, fitte; gambo da biancastro a giallastro; carne bianca, talvolta giallo-verdastra nella zona corticale del gambo, odore e sapore di farina. Psp. bianca. Fam. *Tricholomataceae*.

Habitat: nei boschi di aghifoglie, più raramente di latifoglie; preferibilmente sotto pino in terreni sabbiosi. Localmente comune.

Specie similari: il *Tricholoma sulphureum* (sospetto velenoso pag. 110) ha le lamelle spaziate e odora di gas illuminante. Nel *Tricholoma sejunctum* (sospetto) le lamelle si presentano biancastre. Si trova sotto il peccio o il faggio.

Commestibilità: velenoso; specie ritenuta per tradizione un ottimo fungo commestibile, ricercato e conosciuto da molti raccoglitori però, recentemente in Francia dopo accurate e attente analisi tossicologiche e biochimiche, si è confermata la tossicità di questa specie e si sospetta che abbia causato, sempre in Francia, alcuni decessi (vedi pag. 19).

G	F	M	A	M	G	L	A	S	O	N	D

Tricholoma sulphureum

Sinonimi: Agaricus sulphureus
Nomi volgari: Agarico zolfino

1

2

Identi-Tris

1 Cappello giallo zolfo, secco
2 Lamelle gialle, spaziate
3 Odore di gas illuminante

Caratteristiche: cappello 3-8 cm, da giallo a giallo zolfo vivo (bruno-rossastro al centro nella varietà *bufonium*), pellicola glabra e secca; lamelle giallo zolfo, spesse e spaziate; gambo da giallo vivo a giallo-brunastro, da cilindrico a claviforme; carne completamente giallo zolfo, con sgradevole odore di gas illuminante, carburo o scatolo. Psp. bianca. Fam. *Tricolomataceae*.

Habitat: nei boschi di aghifoglie e latifoglie, in ogni tipo di terreno; comune.

Specie similari: il *Tricholoma sulphuremum* è il tipico sosia del *Tricholoma equestre* (pag. 109), da cui si differenzia per le lamelle più spaziate, ma in particolare per lo sgradevole odore di gas illuminante. Odore simile ha il *Tricholoma inamoenum*, di colore biancastro, non commestibile.

Tossicità: il fungo crudo contiene emolisine. Una sua ingestione a dispetto del sapore sgradevole potrebbe provocare infiammazioni della mucosa gastrica, vomito e diarrea.

G	F	M	A	M	G	L	A	S	O	N	D

Tricholoma albobrunneum

Sinonimi: Tricholoma striatum

1

2

Identi-Tris

1. Fungo bruno, abitatore delle pinete
2. Pellicola viscosa, con granelli di sabbia appiccicati
3. Odore di farina

Caratteristiche: cappello 3–6 (8) cm, bruno-rossiccio, spesso con fibrille radiali più scure, orlo appena fissurato, pellicola viscosa (granelli di sabbia appiccicati); lamelle biancastre, bruno-rossicce al tocco, fitte; gambo biancastro, progressivamente tendente al marrone verso il basso, parte superiore che resta chiara, ma non nettamente distinta dalla parte inferiore; carne bianca, leggermente arrossante al taglio, odore di farina, sapore dolce, talvolta amaro dopo prolungata masticazione. Psp. bianca. Fam. *Tricholomataceae*.

Habitat: sotto conifera, specialmente nelle pinete ricche di licheni su terreni sabbiosi, spesso accanto al *Tricholoma equestre*.

Specie similari: il consumo dei *Tricholoma* brunastri non è consigliabile perché è molto facile confonderli con altre specie tossiche. Hanno un aspetto simile, tra gli altri, i funghi seguenti: *Tricholoma pessundatum*, tossico; *Tricholoma ustale*, non tossico, dalla carne annerente; *Tricholoma populinum*, commestibile, che cresce solo sotto il pioppo.

Tossicità: non commestibile; causa lievi disturbi gastrici passeggeri, associati a malessere e vomito.

G	F	M	A	M	G	L	A	S	O	N	D

Tricholoma vaccinum

1

2

Identi-Tris

1 Fungo marrone, dal cappello asciutto

2 Orlo del cappello frangiato

3 Gambo presto cavo

Caratteristiche: cappello 3-8 cm, da bruno-rossiccio chiaro a scuro, pellicola asciutta peloso-scagliosa, orlo da villoso a frangiato; lamelle biancastre, poi da carnicine a giallo-ocracee, con macchie color ruggine da vecchie, poco fitte; gambo concolore al cappello e parte superiore leggermente più chiara, presto cavo all'interno e quindi fragile; carne giallastra, poi tendente al bruno, odore di muffa o terra da integra, di farina al taglio, sapore amaro. Psp. bianca. Fam. *Tricholomataceae*.

Habitat: nelle abetaie in terreno calcareo; comune a livello locale.

Specie similari: la specie è riconoscibile dal cappello peloso-scaglioso. Il *Tricholoma imbricatum*, che può comparire sotto il peccio e il pino, possiede un cappello più liscio e piatto. Gli esemplari dal sapore dolce sono commestibili.

Nota: il *Tricholoma vaccinum* probabilmente non è velenoso, ma non è commestibile a causa del sapore amaro, che lo accomuna ad altri tricolomi.

G	F	M	A	M	G	L	A	S	O	N	D

Tricholoma aurantium

Identi-Tris

1 Cappello arancione vivo

2 Goccioline glutinose su orlo di cappello e gambo

3 Sapore amaro e odor di farina

Caratteristiche: cappello 5-10 cm, color arancio vivo, o da rosso-giallastro a bruno-arancio, pellicola viscosa, da giovane con goccioline ambrate che formano uno strato glutinoso; lamelle nettamente bianche da giovani, che si colorano di ruggine al tocco, fitte; gambo concolore al cappello, con striature squamose e zona anulare appiccicosa, in genere nettamente limitato in alto da una zona bianca; carne bianca, nella metà inferiore del gambo da rosso carnicina a brunastra, odore di farina, sapore amaro. Psp. bianca. Fam. *Tricholomataceae.*

Habitat: nei boschi di aghifoglie e misti, in particolare sotto il peccio, in terreni calcarei.

Specie similari: questo bel fungo è difficilmente confondibile con altri grazie al suo aspetto vistoso. A un'osservazione superficiale potrebbe assomigliargli il *Cystoderma terrei*, commestibile meno carnoso. Il suo cappello granuloso è secco e alla sua carne manca il tipico odor di farina.

Nota: il sapore amaro rende questo fungo, pur non velenoso, inutilizzabile per scopo alimentare.

G	F	M	A	M	G	L	A	S	O	N	D

Tricholoma acerbum

Nomi volgari: Durello - Castagnaio

Identi-Tris

1. Cappello color avorio
2. Bordo del cappello involuto e costolato
3. Crescita sotto quercia e castagno

Caratteristiche: cappello 5-12 cm, color avorio, giallo paglierino fino a crema giallo con sfumature rosacee al centro, opaco ed asciutto; bordo tipicamente a lungo involuto e spesso costolato; lamelle adnate fino a leggermente decorrenti, biancastre che si macchiano di marroncino a maturità; gambo con colore al cappello, cilindrico, punteggiato di giallo all'apice; carne bianca e soda, odore subnullo, sapore particolare di frutta acerba. Psp. bianca. Fam. *Tricholomataceae*.

Habitat: nei boschi latifoglia, in particolare sotto quercia e castagno.

Specie similari: questo bel fungo è difficilmente confondibile con altri grazie al suo cappello tipicamente involuto e rugoso-costolato e il luogo di crescita. *Tricholoma roseoacerbum* è considerato una variante con colori più brunastri e tonalità rosa-rossastre più evidenti.

Nota: buon fungo commestibile, ricercato in particolare in centro Italia.

G	F	M	A	M	G	L	A	S	O	N	D

Tricholoma portentosum

Nomi volgari: Agarico portentoso - Portentoso

Identi-Tris

1. Cappello grigio
2. Tonalità giallastre su tutto il carpoforo
3. Odore di farina

Caratteristiche: cappello 5-12 cm, color grigio non uniforme, spesso con zone decolorate, conico con ambone pronunciato ma non acuto; la cuticola è viscida con tempo umido, liscia da secco. Lamelle bianche con tonalità giallastre o vere macchiette gialle in esemplari maturi, piuttosto fitte; carne bianca, giallastra verso la corteccia; gambo bianco con sfumature paglierine, solido; odore e sapore di farina fresca. Psp. bianca. Fam. *Tricholomataceae.*

Habitat: nei boschi di aghifoglie e misti. Molto frequente sotto pino.

Specie similari: molte sono le insidie di questo fungo; alcuni tricolomi (*Tricholoma virgatum, sciodes, josserandii, saponaceum*) tutte specie più ameno tossiche dalle quali si distingue per la tonalità giallastra presente su lamelle e gambo, e per il sapore tipico di farina fresca.

Nota: ottimo fungo commestibile, consigliato anche per la conservazione sott'olio.

G	F	M	A	M	G	L	A	S	O	N	D

Xerula radicata

Sinonimi: Oudemansiella radicata

Identi-Tris

1 Cappello appiccicoso, gibboso-rugoso

2 Lamelle spesse, bianche

3 Gambo radicante

Caratteristiche: cappello 3–10 cm, da grigio-giallastro o giallo-brunastro a marrone-rossiccio, non carnoso, umbonato, pellicola viscosa liscia o gibboso-rugosa; lamelle bianche, talvolta con filo nerastro, spesse e spaziate; gambo un po' più chiaro del cappello, parte superiore chiara, molto slanciato, con base profondamente radicante; carne biancastra, elastica, insapore e inodore. Psp. bianca. Fam. *Tricholomataceae*.

Habitat: nei boschi di latifoglia e misti, soprattutto su ceppi di faggio, ma anche su legno interrato (rami, radici ecc.); da singolo a gregario; comune.

Specie similari: la specie, come anche altre molto più rare del genere, è caratterizzata dal gambo che termina in una lunga radice. Una somiglianza sorprendente con la *Xerula radicata* si può talvolta riscontrare in singoli grossi esemplari di *Mycena galericulata*, non commestibile.

Commestibilità: commestibile; i cappelli si possono usare nel misto, anche se un po' tenaci.

G	F	M	A	M	G	L	A	S	O	N	D

Rhodocollybia butyracea forma asema

Sinonimi: Collybia butyracea var. asema

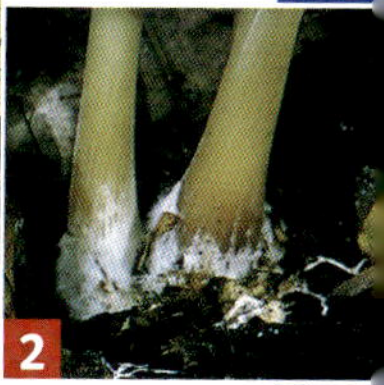

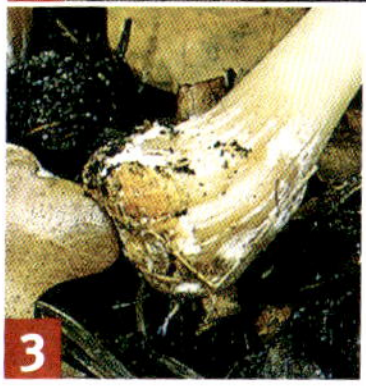

Identi-Tris

1. Cappello color corneo, spesso bicolore, acquoso-brillante
2. Gambo senza tonalità rosse, sola base con fiocchi bianchi
3. Base del gambo rigonfia, cava

Caratteristiche: cappello 2–6 cm, da color grigio corneo chiaro a scuro, grigio-olivastro o grigio-giallastro, molto sbiadito in caso di siccità (igrofano), centro a lungo scuro, sul luogo di crescita lo si vede spesso bicolore, poco carnoso, pellicola nuda e con un aspetto untuoso; lamelle bianche, non troppo fitte, annesse al gambo; gambo color corneo chiaro sino alla base rigonfia e cava avvolta da lanugine bianca, parte inferiore spesso con fibrille pruinose longitudinali; carne da elastica a cartilaginosa, odore e sapore poco pronunciato, ma con l'aroma tipico del genere *Collybia*. Psp. bianca. Fam. *Tricholomataceae*.

Habitat: nei boschi di latifoglia e aghifoglia, in ogni tipo di terreno; gregario, molto comune.

Specie similari: la sua varietà *butyracea*, sua stretta parente, in sostanza si distingue per la colorazione più scura e bruno-rossiccia del cappello e gambo. *Gymnopus dryophilus* (pag. 118), commestibile di taglia più piccola, ha un gambo più esile.

Commestibilità: commestibile utilizzabile nel misto; usare il solo cappello.

G	F	M	A	M	G	L	A	S	O	N	D

Gymnopus dryophilus

Sinonimi: Collybia dryophila

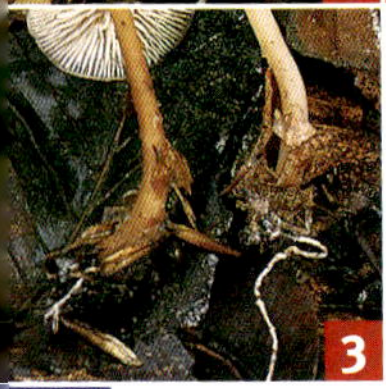

Identi-Tris

1. Piccolo fungo dal colore giallo-ocraceo
2. Lamelle strette, fitte
3. Gambo nudo, con ife miceliari alla base

Caratteristiche: cappello 1,5–5 cm, in genere giallo-ocraceo chiaro, ma anche da rosso-fulvo a bruno-ocraceo, sbiadito in caso di siccità (igrofano), non carnoso, orlo per nulla o lievemente striato per trasparenza, pellicola glabra, liscia e asciutta, untuosa-brillante per la pioggia; lamelle da biancastre a giallastre, fitte, quasi libere al gambo, da cui spesso si staccano al tocco; gambo concolore al cappello, esile, cilindrico, parte fuori terra nuda, base con sottili ife miceliari chiare; carne elastica, cartilaginosa nel gambo, odore che ricorda il legno appena segato. Psp. bianca. Fam. *Tricholomataceae*.

Habitat: nei boschi di latifoglie e conifere di tutti i generi, anche in parchi e giardini; comune ovunque.

Specie similari: la *Gymnopus hariolorum*, leggermente tossica, odora di cavolo marcio. Il suo gambo è chiaramente irsuto nella parte inferiore. Simili ma commestibili sono la *Rhodocollybia butyracea* var. *asema* (pag. 117) e il *Marasmius oreades* (pag. 122).

Commestibilità: commestibile; i cappelli vanno bene per il misto, mentre i gambi sono tenaci.

G	F	M	A	M	G	L	A	S	O	N	D

Gymnopus peronatus

Sinonimi: Collybia peronata

1

2

Identi-Tris

1. Lamelle spaziate bruno giallastre
2. Gambo coperto da feltratura
3. Sapore piccante

Caratteristiche: cappello 1,5-7 cm, molto igrofano, da bruno-nocciola a ocra-rossastro, fino ad essere quasi biancastro da secco, convesso poi appianato, poco carnoso con superficie pruinosa; lamelle spaziate, giallo-ocracee; gambo concolore alle lamelle, esile, ma molto tenace, cilindrico, ricoperto da una feltratura lanuginosa partendo dalla base. Carne bianca, ingiallente con l'età, odore insignificante sapore progressivamente piccante. Psp. bianca. Fam. *Tricholomataceae*.

Habitat: nei boschi di latifoglie e conifere di tutti i generi, anche in parchi e giardini; comune ovunque.

Specie similari: la *Gymnopus hariolorum*, leggermente tossica, odora di cavolo marcio. Simile ma commestibile è il *Marasmius oreades* (pag. 122) con odore e sapore diverso.

Commestibilità: non commestibile.

G	F	M	A	M	G	L	A	S	O	N	D

Rhodocollybia maculata

Sinonimi: Collybia maculata

Identi-Tris

1. Cappello bianco macchiettato di ruggine
2. Gambo radicante
3. Sapore amaro

Caratteristiche: cappello 3-8 cm, da bianco a color avorio, con macchioline rugginose più o meno marcate, poco carnoso, pellicola glabra e asciutta; lamelle bianche, macchiate di ruggine da vecchie, molto fitte e sottili, con filo denticolato; gambo bianco e macchiettato di ruggine, fibroso, sempre cavo, base attenuato-radicante; carne bianca dall'aroma gradevole, sapore amaro. Psp. bianca, Fam. *Tricholomataceae.*

Habitat: nei boschi di latifoglie e conifere, in particolare sotto il peccio, il pino o il larice, ma anche sotto il faggio; da gregario a moderatamente cespitoso; comune.

Specie similari: può avere un aspetto simile il *Tricholoma album*, non commestibile, che non presenta macchie rugginose e compare più frequentemente sotto la betulla. *Gymnopus fusipes* (pag. 121), anch'essa non commestibile, cresce sui ceppi di quercia.

Nota: non commestibile per il sapore amaro. Gli esemplari raccolti con tempo umido talvolta paiono meno amari.

G	F	M	A	M	G	L	A	S	O	N	D

Gymnopus fusipes

Sinonimi: Collybia fusipes

Identi-Tris

1. Gambo striato, solcato longitudinalmente
2. Lamelle spaziate
3. Su ceppaie di latifoglia

Caratteristiche: cappello 1,5-8 cm, igrofano da bruno-rossastro a marroncino sbiadito quando è secco, convesso poi pianeggiante con centro sempre un po' umbonato, margine ondulato, superficie liscia e asciutta; lamelle da biancastre a bruno-carnicine, spaziate adnato-sinuose, quasi libere al gambo; gambo fusiforme, radicante, rosso ruggine alla base, solcato longitudinalmente a volte con vere e proprie costolature; carne tenace, elastica, cartilaginosa nel gambo, sapore e odore gradevoli. Psp. bianca. Fam. *Tricholomataceae*.

Habitat: cresce cespitoso alla base di alberi di latifoglia in particolare quercie e castagni, comune.

Specie similari: per il portamento è simile a *Rhodocollybia maculata* (pag. 120) ma, il colore differente ne consente una facile distinzione. *Gymnopus dryophylus* (pag. 118), non cresce cespitoso e ha carne meno coriacea e gambo non striato.

Commestibilità: non commestibile. Si sospetta che abbia causato anche leggere intossicazioni.

G	F	M	A	M	G	L	A	S	O	N	D

Marasmius oreades

Sinonimi: Agaricus caryophylleus – Marasmius caryophylleus – Agaricus c
Nomi volgari: Marasmio oreade – Gambesecche

Identi-Tris

1 Fungo color nocciola chiaro, abitatore dei prati

2 Lamelle chiare, spesse e distanti

3 Forma »circoli delle streghe«

Caratteristiche: cappello 1–4 cm, color giallo-cuoio o nocciola chiaro, igrofano, per cui spesso con zonature bicolori, da convesso a umbonato, poco carnoso, orlo con o senza striature pellucide per l'umidità, pellicola secca e glabra; lamelle bianco crema, spesse, distanti; gambo chiaro, nudo, cilindrico e pieno; carne elastica, odore particolare, cianico, sapore non definibile. Psp. bianca. Fam. *Tricholomatceae.*

Habitat: nei prati e nelle radure erbose; spesso in tipici cerchi (»circoli delle streghe«); molto comune. I corpi fruttiferi si conservano a lungo nel luogo di crescita, dove possono raggrinzirsi parecchio per la mancanza d'acqua, tornando nuovamente allo stato normale alla prima pioggia.

Specie similari: se si presta attenzione alle sue lamelle chiare, spesse e distanti è quasi impossibile scambiare questo fungo con altri miceti velenosi che crescono nei prati (cfr. *Clitocybe rivulosa*, pag. 96). Attenzione anche ad alcune specie del genere *Inocybe* (pag. 133) con colori chiari e dimensioni piccole, sono anch'esse velenose come le clitocibi.

Commestibilità: ottimo commestibile da minestra; scartare i gambi, troppo tenaci.

G	F	M	A	M	G	L	A	S	O	N	D

Marasmius scorodonius

Nomi volgari: fungo dell'aglio

1

2

Identi-Tris

1. Fungo minuto, dalla consistenza membranosa
2. Gambo bruno-fulvo brillante e lamelle spaziate
3. Aroma di aglio

Caratteristiche: cappello 0,7-3 cm, da carnicino chiaro a fulvo, schiarente rapidamente dall'orlo (igrofano), da convesso ad appianato, membranoso, pellicola asciutta, spesso rugosa; lamelle bianche, molto spaziate e venoso-congiunte, ma relativamente sottili; gambo bruno-fulvo, verso la base quasi nerastro, con la superficie brillante; gradevole odore e sapore di aglio. Psp. bianca. Fam. *Tricholomataceae.*

Habitat: prevalentemente nei boschi di conifere, su piccoli detriti legnosi, pigne ecc., più raramente su legno di latifoglia; gregario; non raro.

Specie similari: presentano lo stesso odore agliaceo due parenti non commestibili di taglia maggiore, il *Marasmius prasiosmus* e il *Marasmius alliaceus.*

Commestibilità: ottimo fungo aromatico, quasi leggendario sostituto dell'aglio in cucina. Purtroppo oggigiorno non se ne trova più in gran quantità e la sua raccolta è piuttosto laboriosa. La specie si può facilmente essiccare e conserva a lungo il proprio aroma.

G	F	M	A	M	G	L	A	S	O	N	D

Entoloma clypeatum

Sinonimi: Agaricus clypeatus
Nomi volgari: Entoloma clipeato

Identi-Tris

1. Comparsa primaverile sotto rosacee
2. Cappello grigio-brunastro umbonato
3. Odore e sapore di farina

Caratteristiche: cappello 4–10 cm, da grigio corneo a grigio-brunastro, igrofano, centro relativamente carnoso con umbone (dal nome clypeus=scudo), pellicola asciutta e glabra; lamelle color bianco sporco, da mature rosate, non troppo fitte, più larghe della carne del cappello, filo smarginato; gambo da biancastro a grigio-acquoso, fibroso; carne biancastra, con odore e sapore di farina. Psp. rosea. Fam. *Entolomataceae*.

Habitat: nei boschi, parchi e giardini, sotto rosacee come il pero, il melo, il biancospino ecc.; compare gregario o cespitoso in primavera; comune.

Specie similari: il genere *Entoloma* comprende alcuni funghi velenosi che bisogna conoscere: l'*Entoloma rhodopolium*, crescita autunnale e boschiva; l'*Entoloma sinuatum* (pag. 125), fungo di grossa taglia dal cappello chiaro. Entrambe le specie compaiono più tardi dell'*Entoloma clypeatum*.

Commestibilità: ottimo commestibile; va cotto bene (!); la sua raccolta è consigliata ai soli esperti perché è facile confonderlo con altre specie.

G	F	M	A	M	G	L	A	S	O	N	D

Entoloma sinuatum

Sinonimi: Entoloma lividum – Rhodophyllus lividus – Agaricus sinuatus
Nomi volgari: Agarico livido

Identi-Tris

1. Fungo di grossa taglia dal cappello chiaro
2. Lamelle galline da giovani, rosa salmone da mature
3. Odore e sapore di farina

Caratteristiche: cappello 5-20 cm, biancastro, grigio-giallastro o color cuoio, pellicola sericeo-brillante, asciutta; lamelle soffuse di giallo da giovani, poi color salmone, abbastanza fitte; gambo da bianco a giallo-ocraceo, robusto, da cilindrico a claviforme; carne bianca, odore e sapore di farina. Psp. rosea. Fam. *Entolomataceae*.

Habitat: nelle foreste di latifoglia, sotto il faggio e la quercia, in terreno calcareo. Più comune nelle regioni calde.

Specie similari: l'*Entoloma sepium*, più piccolo e commestibile, cresce sotto rosacee all'inizio dell'estate. Il suo cappello chiaro è decisamente meno carnoso. La comune e ubiquitaria *Clitocybe nebularis* (commestibile con riserva, pag. 98) si riconosce per le lamelle fitte e decorrenti, che non hanno mai tonalità rosee.

Tossicità: il suo consumo causa gravi disturbi gastro-intestinali, associati a coliche, spasmi e vomito. In Francia, dove il fungo è molto diffuso e non a caso è chiamato »*le perfide*«, sono stati segnalati anche avvelenamenti mortali dovuti alla sua ingestione.

G	F	M	A	M	G	L	A	S	O	N	D

Entoloma hirtipes

Sinonimi: Rhodophyllus hirtipes

1

2

Identi-Tris

1. Cappello conico-campanulato con papilla
2. Lamelle rosa salmone da mature
3. Comparsa a inizio primavera

Caratteristiche: cappello 2-5 cm, da grigio-bruno a bruno-rossastro più o meno scuro, striato per trasparenza (igrofano), conico-campanulato, spesso con umbone centrale acuto (papilla), pellicola asciutta; lamelle grigio-biancastre, poi rosa salmone, fitte, arrotondate al gambo; gambo concolore al cappello, fibroso, fragile; odore e sapore di farina. Psp. rosea. Fam. *Entolomataceae*.

Habitat: nei boschi radi di latifoglia e conifera; compare precocemente nei boschi rivieraschi e lungo le rive dei corsi d'acqua, dove un po' più tardi crescono le morchelle;

Specie similari: il fungo, delicato e poco appariscente, è caratterizzato dal periodo di crescita precoce e per il forte odore di farina. Possiede molti parenti dall'aspetto simile. L'*Entoloma sericeum* cresce sui prati a partire da agosto e ha un odore di farina rancida, *Entoloma vernum* senza odore e sapore di farina, *Entoloma cetratum* senza papilla e di colore più chiaro.

Tossicità: la specie provoca prolungati disturbi gastro-intestinali.

G	F	M	A	M	G	L	A	S	O	N	D

Agrocybe praecox

Sinonimi: Pholiota praecox – Agaricus praecox
Nomi volgari: Foliota precoce – Foliota primaticcia

1

Identi-Tris

1. Cappelli medio-grandi, da beige a ocra, umbonati
2. Gambo con anello membranoso
3. Odore di farina rancida allo sfregamento

2

Caratteristiche: cappello 3-8 cm, beige, da giallo paglierino a ocra, un po' igrofano e quindi più pallido verso il margine, negli stadi intermedi bicolore acquoso, quasi sempre umbonato, pellicola nuda e asciutta; lamelle da biancastre a color caffelatte chiaro nel fungo giovane, poi quasi color tabacco, non troppo fitte; gambo bianco sporco, cilindrico, con anello membranoso sporcato di marrone dalla polvere sporica; carne bianca, odore di cacao se intatta, di farina rancida se sfregata, sapore talvolta amarognolo. Psp. color tabacco. Fam. *Bolbitiaceae*.

Habitat: nei boschi di latifoglia e misti, lungo i margini delle strade, in parchi, orti e giardini; gregario, appare in primavera; comune.

Specie similari: l'*Agrocybe dura* (commestibile) appare subito dopo l'*Agrocybe praecox* e non ha odore di farina rancida. Il suo cappello è più carnoso e l'anello quasi inesistente. L'*Agrocybe semiorbicularis* è un' abitante dei prati priva di anello, dal sapore di farina.

Commestibilità: non tossico, ma quasi sempre con una nota amara e quindi poco consigliabile.

G	F	M	A	M	G	L	A	S	O	N	D

Stropharia caerulea

Sinonimi: Stropharia cyanea – Psilocybe caerulea

Identi-Tris

1. Cappello e gambo azzurro-verdastri
2. Pellicola mucillaginosa, con fiocchi di velo chiari
3. Gambo con zona anulare appena accennata

Caratteristiche: cappello 2–6 cm, azzurro-verdastro scuro, schiarente al giallo senape, relativamente carnoso, da convesso a umbonato, pellicola mucillaginosa con resti fioccosi, caduchi e biancastri di velo; lamelle color bruno chiaro, marrone scuro da mature, non troppo fitte; gambo azzurro-verdastro come il capello, scaglioso, con una zona anulare supera appena accennata; carne biancastra, a zone anche verdastra, odore (al taglio) di erba appena calpestata, sapore insignificante con una nota di muffa. Psp. bruno-porpora. Fam. *Strophariaceae.*

Habitat: nelle radure boschive, lungo i margini delle strade, in parchi e giardini, molto spesso tra ruderi in mezzo alle ortiche, anche su detriti legnosi; gregario, comune.

Specie similari: *Stropharia aeruginosa* le somiglia parecchio, ma appare più spesso in habitat boschivo. Presenta inoltre un anello più marcato e lamelle che si distinguono per le sfumature grigio-violacee e il filo biancastro.

Commestibilità: probabilmente innocua ma se ne sconsiglia il consumo.

G	F	M	A	M	G	L	A	S	O	N	D

Stropharia rugosoannulata

Sinonimi: Stropharia ferrii

Identi-Tris

1. Cappello da grigio-brunastro a rosso mattone, quasi asciutto
2. Lamelle grigio-violacee
3. Gambo con anello denticolato

Caratteristiche: cappello 5-20 cm, da grigio-brunastro a rosso mattone, raramente giallastro, carnoso, pellicola asciutta e opaca; lamelle fitte, grigio-violacee, poi nerastre, con filo chiaro; gambo biancastro, compatto, con anello grossolanamente denticolato, striato nel lato superiore; carne bianca, odore di erba schiacciata di fresco, sapore di patata cruda o ravanello. Psp. viola scuro. Fam. *Strophariaceae.*

Habitat: al di fuori del bosco, in parchi concimati, orti e giardini, ai margini dei campi, spesso tra detriti vegetali; certe attività dell'uomo (agricoltura) paiono aumentarne la diffusione, in genere piuttosto ridotta e isolata.

Specie similari: nelle foreste montane di conifere cresce la rara *Stropharia hornemannii*, tossica; ha un anello non denticolato e la pellicola del cappello viscosa.

Commestibilità: commestibile; non ha un sapore gradevole, né viene tollerato da chiunque. Questo fungo viene coltivato per hobby su balle di paglia.

G	F	M	A	M	G	L	A	S	O	N	D

Cortinarius caperatus

Sinonimi: Pholiota caperata - Rozites caperatus
Nomi volgari: Foliota grinzosa

Identi-Tris

1. Fungo ocraceo medio-grande
2. Cappello in parte coperto da un velo pruinoso
3. Gambo con anello stretto e spesso

Caratteristiche: cappello 5-10 cm, giallo paglierino, da ocra a bruno chiaro, carnoso, pellicola asciutta, talvolta grinzosa o scanalata, da giovane ricoperto da un velo biancastro-violaceo che permane al centro nel fungo adulto; lamelle beige pallido, poi ocracee, fitte, con filo denticolato; gambo bianco-giallastro, con anello supero, spesso e stretto, striato nella parte superiore; carne biancastra, lilla chiaro all'apice del gambo, odore e sapore neutro. Psp. color ruggine. Fam. *Cortinariaceae*.

Habitat: nei boschi di aghifoglia sotto il pino e l'abete rosso, in terreno acido, tra le eriche o i mirtilli neri; localmente comune.

Specie similari: il velo pruinoso che ricopre il cappello e la forma dell'anello sono due tipici segni di riconoscimento di questa specie. In assenza di anello, il fungo potrebbe essere confuso con qualche altro cortinario come *Cortinarius claricolor* o *varius*.

Commestibilità: commestibile buono e redditizio, purtroppo spesso invaso da larve. Va segnalato che è un fungo ipercaptante di cesio 134 e 137, per questo motivo non è ammesso alla vendita.

G	F	M	A	M	G	L	A	S	O	N	D

Hebeloma crustuliniforme

Identi-Tris

1. Cappello medio-grande chiaro e viscoso
2. Lamelle macchiate di bruno per goccioline essiccate
3. Sapore amaro

Caratteristiche: cappello 3–8 cm, da biancastro a color argilla, centro in genere più scuro del margine, carnoso, pellicola viscosa per l'umidità, glabra; lamelle fitte, dapprima biancastre, con goccioline sul filo tendenti al color caffelatte e alla fine ocracee con la maturazione; gambo bianco, ricoperto da minute fioccosità; carne bianca, odore di ravanello al taglio, sapore amaro. Psp. color ruggine. Fam. *Cortinariaceae.*

Habitat: nei boschi, in luoghi erbosi, parchi e giardini, sotto tigli, pioppi, salici; comune.

Specie similari: *Hebeloma sinapizans* (pag. 132), fungo leggermente tossico di taglia maggiore, ha un cappello più scuro. Dato che le varie specie di *Hebeloma* si somigliano parecchio, non è facile distinguerle tra loro. Sono tutti funghi dal sapore amaro e quindi non mangerecci, a prescindere da una loro eventuale tossicità.

Tossicità: leggermente tossico; contiene crustulinolo, sostanza che provoca disturbi gastrici. Per il suo sapore amaro comunque il fungo non dovrebbe venire consumato.

G	F	M	A	M	G	L	A	S	O	N	D

Hebeloma sinapizans

Nomi volgari: Puzzone

Identi-Tris

1. Cappello grande, viscoso, color argilla chiaro
2. Prolungamento conico della carne del cappello nella cavità del gambo (sezione)
3. Odore di ravanello, sapore amaro

Caratteristiche: cappello 6-15 cm, coloro carnicino, ocraceo-argilloso o bruno sporco, carnoso, pellicola viscosa, nuda; lamelle carnicino-chiare da giovani, poi color caffelatte, infine bruno-ocracee, senza goccioline (cfr. *Hebeloma crustuliforme* pag. 131), fitte; gambo biancastro, superficie fibroso-squamata, cavo, in sezione con prolungamento cuneiforme della carne del cappello nella cavità apicale (!); carne biancastra, odore netto di ravanello, sapore amaro. Psp. color ruggine. Fam. *Cortinariaceae*.

Habitat: nei boschi di latifoglia e misti, sotto il faggio e altre latifoglie; soprattutto in terreni calcarei; localmente comune.

Specie similari: il più piccolo e leggermente tossico *Hebeloma crustuliniforme* (pag. 131) ha una colorazione più chiara e il gambo pieno. In terreno calcareo cresce l'*Hebeloma senescens*, non commestibile, che ha un odore dolciastro di cacao. Il suo gambo leggermente radicante presenta una colorazione bruno-nerastra nella parte inferiore.

Tossicità: lievemente tossico; dà luogo a disturbi gastrici perché contiene crustulinolo.

G	F	M	A	M	G	L	A	S	O	N	D

Inocybe erubescens

Sinonimi: Inocybe patouillardii

Identi-Tris

1. Cappello conico-umbonato, radialmente fibroso
2. Sfumature rosso mattone negli esemplari vecchi
3. Lamelle mature da bruno-olivastre a color ruggine

Caratteristiche: cappello 3-8 cm, da biancastro a paglierino, tendente al rosso mattone negli esemplari vecchi, conico-campanulato o con umbone ottuso, pellicola asciutta, presto radialmente fibroso; lamelle mature da bruno-olivastre a color ruggine, tonalità sporche, fitte; il gambo e la carne tendono ad arrossarsi negli esemplari vecchi; odore spesso gradevolmente fruttato nel fungo giovane, poi disgustosamente spermatico (tipico odore delle *Inocybe*). Psp. color tabacco. Fam. *Cortinariaceae*.

Habitat: nei boschi di latifoglia e misti, in parchi, orti e giardini; in terreni calcarei; comune in certe annate.

Specie similari: gli esemplari giovani della specie sono stati spesso confusi con la *Calocybe gambosa* (cfr. pag. 104), che cresce nello stesso periodo. Il genere *Inocybe* comprende molte specie affini di non facile distinzione, la maggior parte delle quali contiene muscarina.

Tossicità: dopo l'ingestione (da ¼ d'ora a 4 ore) la muscarina provoca accessi di sudorazione, turbe visive, malessere, vomito, coliche. In casi estremi può anche portare alla morte per collasso cardiocircolatorio.

G	F	M	A	M	G	L	A	S	O	N	D

Inocybe geophylla

Identi-Tris

1. Cappello minuto, sericeo, biancastro
2. Cappello screpolato radialmente
3. Lamelle bruno-ocracee da mature

Caratteristiche: cappello 1-4 cm, bianco candido da giovane, poi giallino chiaro soprattutto al centro o anche completamente giallo-ocra-paglierino, poco carnoso, conico-campanulato, con resti caduchi e filamentosi di velo (cortina) sull'orlo, tendente a screpolarsi radialmente quando si apre, superficie asciutta, sericea; lamelle grigio-biancastre da giovani, poi bruno-ocracee, non troppo fitte; gambo biancastro, al piede giallo paglierino, slanciato, spesso flessuoso, con minute fibrille; carne biancastra, con odore spermatico. Psp. color tabacco. Fam. *Cortinariaceae*.

Habitat: in boschi di aghifoglia e latifoglia, anche nei parchi; senza particolari esigenze in fatto di terreno; comune ovunque.

Specie similari: questo fungo di piccola taglia è un tipico rappresentante del genere *Inocybe*. La tossica *Inocybe geophylla* var. *lilacea*, che presenta una colorazione dal violetto al lilla, è una sua varietà comune. Accanto a essa esiste ancora una varietà chiara arrossante, che viene considerata come specie a sé stante, la *Inocybe whitei*.

Tossicità: la specie contiene muscarina in dosi elevate. Per i sintomi da avvelenamento muscarinico vedi l'*Inocybe erubescens* (pag. 133).

G	F	M	A	M	G	L	A	S	O	N	D

Cortinarius mucosus

Sinonimi: Agaricus mucosus – Cortinarius collinitus var. mucosus

Identi-Tris

1 Cappello giallo-brunastro, glutinoso

2 Gambo bianco glutinoso

3 Crescita in terreno sabbioso sotto conifera

Caratteristiche: cappello 3–8 cm, giallo-ocra, giallo-brunastro o arancio-brunastro, margine in genere più chiaro tendente al giallo oro, carnoso, pellicola glutinosa, spesso con resti di terriccio appiccicati; lamelle ocracee da giovani, poi color ruggine, appressate; gambo bianco a superficie glutinosa, con zona anulare (cortina) effimera supera. Nel fungo giovane cappello e gambo sono uniti da una membrana glutinosa che si sfilaccia e poi scompare all'apertura del cappello. Carne bianca, alla base del gambo presto brunastra, odore e sapore insignificante. Psp. color ruggine. Fam. *Cortinariaceae.*

Habitat: nei boschi di conifera, in particolare sotto il peccio; appare spesso in massa su terreni sabbiosi; localmente comune.

Specie similari: nelle abetaie montane, su terreno acido e umido cresce il *Cortinarius muscigenus*, assai simile e commestibile. Il suo gambo è ricoperto da un glutine azzurrino.

Commestibilità: commestibile saporito, che spesso non viene raccolto per scarsa conoscenza. I resti di humus o sabbia attaccati al cappello vanno tolti con cura.

G	F	M	A	M	G	L	A	S	O	N	D

Cortinarius varius

Identi-Tris

1. Cappello giallo-fulvo, glutinoso
2. Lamelle a lungo lilacine
3. Carne bianca

Caratteristiche: cappello 4–10 cm, da giallo-bruno ad arancio-mattone, quasi fulvo al centro, carnoso, pellicola viscoso-untuosa per l'umidità, liscia; lamelle a lungo con nette sfumature azzurro-lilacine, più tardi bruno cannella per le spore mature, fitte; gambo bianco, in genere slanciato e claviforme, asciutto, con cortina supera; carne bianca con odore e sapore insignificanti. Psp. color ruggine. Fam. *Cortinariaceae*.

Habitat: nei boschi di latifoglie e conifere, sotto il peccio o il faggio; gregario, in terreno calcareo; uno dei cortinari più diffusi.

Specie similari: tra i *Cortinarius* il sottogenere *Phlegmacium* si caratterizza per i cappelli viscosi e i gambi asciutti. Svariate specie possono assomigliare a quella qui descritta. Nel caso di quelle a carne giallastra bisogna fare attenzione. I *Cortinarius* sono funghi riservati ai raccoglitori più esperti.

Commestibilità: commestibile redditizio e facilmente riconoscibile.

G	F	M	A	M	G	**L**	**A**	**S**	**O**	N	D

Cortinarius caligatus

1

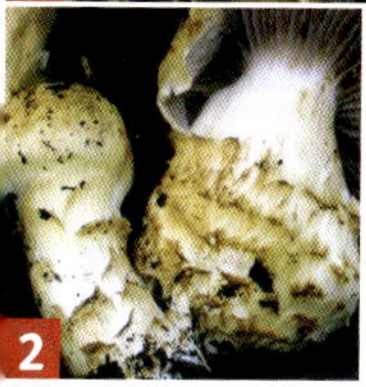

2

Identi-Tris

1. Lamelle a lungo lilacine
2. Gambo decorato da velo
3. Crescita in zona mediterranea

Caratteristiche: cappello 4–10 cm, da giallo-brunastro beige a fulvo rossastro, emisferico-convesso decorato da piccole fibrille e squamette più dense verso il centro; superficie viscoso-untuosa per l'umidità, liscia; lamelle a lungo con nette sfumature azzurro-lilacine, più tardi bruno cannella per le spore mature, fitte; gambo cilindrico con base spesso attenuata fino a radicante, duro e pieno, decorato per più della metà della lunghezza da un velo squamoso giallastro; carne bianca alle volte punteggiata di bruno, odore e sapore insignificanti. Psp. color ruggine. Fam. *Cortinariaceae.*

Habitat: nei boschi di latifoglie in zona mediterranea, spesso associato a leccio e cisto. In questi ambienti è uno dei cortinari più diffusi.

Specie similari: *Cortinarius variiformis,* buon fungo commestibile, chiamato in Puglia »rinirddu« è simile ma ha il velo sul gambo meno sviluppato e cresce solo nella macchia sotto i cisti.

Commestibilità: commestibile redditizio e facilmente riconoscibile.

G	F	M	A	M	G	L	A	S	O	N	D

Cortinarius praestans

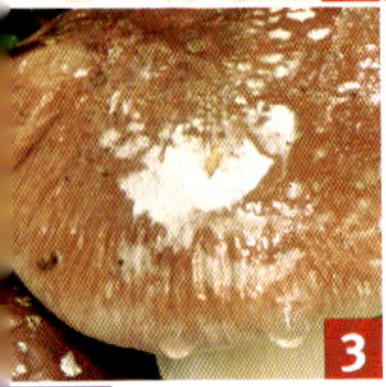

Identi-Tris

1 Dimensioni lussureggianti

2 Cortina abbondante e membranosa

3 Cappello corrugato

Caratteristiche: cappello 4–25 cm, carnoso da emisferico a convesso di colore bruno-violaceo, corrugato specie al margine, involuto per lungo tempo, superficie molto viscosa a tempo umido; lamelle fitte più o meno uncinate abbastanza strette di un color tenue grigio-lilacino; gambo robusto con bulbo a fittone, bianco con sfumature violette; carne bianca, soda, odore e sapore insignificanti. Psp. color ruggine. Fam. *Cortinariaceae*.

Habitat: nei boschi di latifoglie e misti spesso sotto faggio. Localmente anche molto frequente.

Specie similari: *Cortinarius cumatilis*, buon fungo commestibile, ha colori spiccatamente più violetti specialmente sul cappello e cresce sotto aghifoglia.

Commestibilità: commestibile buono e redditizio.

G	F	M	A	M	G	L	A	S	O	N	D

Cortinarius traganus

1 Cappello asciutto color lilla

2 Carne giallo zafferano
(foto: base del gambo in sez.)

3 Odore penetrante di acetilene

Identi-Tris

Caratteristiche: cappello 4–12 cm, lilaceo-violetto da giovane, volgente all'ocraceo con l'età, carnoso, pellicola asciutta, sericea, orlo con resti di velo nel fungo giovane; lamelle dapprima fulvo-ocracee, poi color ruggine (mai con tonalità azzurrine), fitte; gambo concolore al cappello, da giovane con abbondanti resti di velo, base spesso bulbosa; carne giallo-zafferano, odore penetrante di acetilene, o dolciastro di carburo, in varietà più rare anche gradevolmente fruttato (var. *odoratus*, *finitimus*). Psp. color ruggine. Fam. *Cortinariaceae*.

Habitat: nelle abetaie, su suolo acido; gregario, comune.

Specie similari: questo fungo appartiene a un sottogenere che non ha né il cappello, né il gambo viscoso. Il simile *Cortinarius camphoratus* si distingue per la carne violetta e lo sgradevole odore dolciastro, simile a quello di bucce di patata.

Tossicità: leggermente tossico; provoca malessere e vomito dopo una latenza di ½–3 ore.

G	F	M	A	M	G	L	A	S	O	N	D

Cortinarius rubellus

Sinonimi: Cortinarius speciosissimus - C. orellanoides - C. brunneofulvus

Identi-Tris

1. Cappello bruno-fulvo, fibrilloso-squamoso, umbone acuto
2. Lamelle color bruno-fulvo, spaziate
3. Gambo con bande gialle

Caratteristiche: cappello 3-8 cm, color cannella-arancio o fulvo-brunastro, relativamente poco carnoso, centro con tipico umbone acuto o arrotondato, pellicola asciutta, fibrillato-squamata; lamelle concolori al cappello, spaziate, più larghe della carne del cappello in sezione, gambo concolore al cappello, da giovane ornato di bande gialle, slanciato, cilindrico-claviforme; carne giallastra, nella parte inferiore del gambo color ruggine, lieve odore e sapore di ravanello. Psp. color ruggine. Fam. *Cortinariaceae*.

Habitat: nelle foreste di conifere in terreno acido, sotto il peccio e l'abete bianco; ama i siti umidi, paludosi, ricchi di muschio; localmente comune.

Specie similari: *Cortinarius orellanus* (pag. 141), un suo parente velenoso mortale, cresce sotto latifoglia. Ha un gambo più chiaro, dalla superficie liscia. Attenzione agli esemplari piccoli che assomigliano al commestibile *Gomphidius rutilus* (pag. 84) ed. *G. helveticus*!!!

Tossicità: fungo velenoso mortale; l'orellanina in esso contenute attaccano il fegato e i reni. Il lungo periodo di latenza dei suoi tossici, che può durare più giorni, ne fa un micete particolarmente pericoloso.

G	F	M	A	M	G	L	A	S	O	N	D

Cortinarius orellanus

Nomi volgari: Cortinario orellano

1

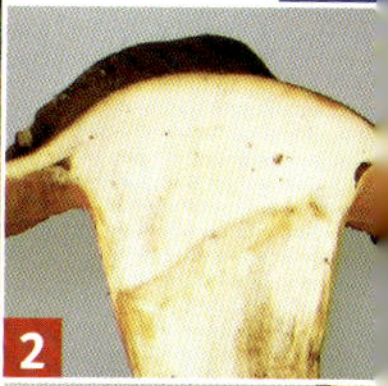

2

3

Identi-Tris

1 Cappello bruno-fulvo, fibrilloso-squamoso, umbone ottuso

2 Sezione del gambo trapezioidale

3 Cortina quasi assente

Caratteristiche: cappello 3-8 cm, color cannella-arancio o fulvo-brunastro, relativamente poco carnoso, centro con tipico umbone largo, ottuso o arrotondato, pellicola asciutta, fibrillato-squamata; lamelle concolori al cappello, spaziate, più larghe della carne del cappello in sezione; gambo concolore al cappello, molto largo verso il cappello, attenuato alla base, in sezione forma un tipico profilo trapezioidale; carne giallastra, odore e sapore di ravanello. Psp. color ruggine. Fam. *Cortinariaceae*.

Habitat: specie tipica dei boschi di latifoglia o misti, cresce spesso sotto querce e castagni.

Specie similari: *Cortinarius rubellus* (pag. 140), suo parente velenoso mortale, cresce sotto aghifoglia, ha gambo decorato da cortina a bande giallastre, *Cortinarius* della sezione *Dermocybe* sono simili ma hanno lamelle rosse o aranciate e comunque non sono commestibili.

Tossicità: come la specie precedente è velenoso mortale; l'orellanina in esso contenute attaccano il fegato e i reni. Il lungo periodo di latenza dei suoi tossici, che può durare più giorni, ne fa un micete particolarmente pericoloso.

G	F	M	A	M	G	L	A	S	O	N	D

Lacrymaria lacrymabunda

Sinonimi: Lacrymaria velutina - Hypholoma velutinum - Psathyrella velutina - Geophila lacrymabunda

1

2

3

1 Cappello brunastro, con fibrille

2 Lamelle con goccioline, maculate

3 Gambo con fibrille nerastre nella zona anulare

Identi-Tris

Caratteristiche: cappello 3-10 cm, da beige a ocraceo, carne sottile, pellicola asciutta con minute fibrille, orlo con frangiatura biancastra (resti del velo); lamelle da beige a color ruggine scuro, da vecchie quasi nere, con filo chiaro sul quale nel fungo giovane si formano delle minute gocce acquose incolori (nome), superficie tipicamente maculata; gambo brunastro, da fibrilloso a striato, con zona anulare nerastra, cilindrico, cavo; carne giallo-brunastra, fragile, odore e sapore fungino. Psp. bruno scura. Fam. *Coprinaceae*.

Habitat: ai margini di boschi, prati, pascoli, campi, in parchi e giardini da gregario a cespitoso, in terreni ricchi d'azoto; comune, appare già all'inizio dell'estate.

Specie similari: le lamelle scure che secernono piccole gocce (lacrime) e la omogenea poca carnosità del corpo fruttifero (in sezione verticale) sono caratteristiche assai tipiche. La rara e commestibile varietà *pyrotricha* presenta un cappello dal colore rosso-arancio.

Commestibilità: commestibile; per la poca carnosità usabile tutt'al più nel misto.

G	F	M	A	M	G	L	A	S	O	N	D

Coprinus comatus

Nomi volgari: Agarico chiomato - Fungo dell'ichiostro

Identi-Tris

1. Fungo biancastro, di forma cilindrico-campanulata
2. Cappello che da maturo si liquefa annerendo
3. Gambo con anello minuto

Caratteristiche: cappello 5-12 cm (altezza!), bianco, calotta ocracea, da giovane tipicamente cilindrico, con superficie asciutta ricoperta da scaglie fibrillose, campanulato anche da aperto, che da maturo si liquefa annerendo a partire dal margine; alla fine spesso resta in piedi solo il gambo. lamelle dapprima bianche, poi rosate, infine nere fino alla progressiva liquefazione, molto sottili e fitte, più larghe della carne del cappello (in sezione); gambo bianco, cavo, leggermente radicante, con anello minuto, libero. Psp. nera. Fam. *Coprinaceae*.

Habitat: in terreni concimati, prati, campi, lungo strade forestali; singolo o gregario, comune.

Specie similari: gli somiglia parecchio il *Coprinus atramentarius* (commestibile con riserva, pag. 144), che ha un cappello più liscio. Il *Coprinus picaceus*, fungo non commestibile che cresce nei faggeti in terreno calcareo, sotto la pellicola lacerata del cappello presenta un carne dalla colorazione bruno scura. Il suo cappello ricorda il piumaggio di un picchio.

Commestibilità: commestibile di buona qualità, ma solo da giovane, quando il cappello è ancora chiuso.

G | F | M | A | M | G | L | A | S | O | N | D

Coprinus atramentarius

Nomi volgari: Coprino atramentario

2 1

Identi-Tris

1. Colore del cappello da grigio a grigio-brunastro
2. Cappello che si liquefa annerendo da maturo
3. Gambo senza anello, con ingrossamento marginato

3

Caratteristiche: cappello 4-8 cm, in genere grigio cenere, ma anche grigio-brunastro o beige, poco carnoso, superficie asciutta e glabra, radialmente rugosa, raramente con scaglie minute, tendente a liquefarsi annerendo a partire dal margine a maturazione raggiunta; lamelle grigio chiare, poi nerastre, molto sottili e fitte, più larghe della carne del cappello (sez.); gambo bianco, slanciato, spesso con ingrossamento marginato nella parte inferiore, leggermente radicante; carne bianca, senza odore e sapore particolare. Psp. nera. Fam. *Coprinaceae*.

Habitat: in boschi, parchi e giardini, in terreni grassi, prati e campi, anche su ceppi molto degradati; comune. Crescita cestosa.

Specie similari: il *Coprinus comatus*, buon commestibile (pag. 143), differisce per il cappello scaglioso-fibrilloso e il gambo anulato. Molto simile è il raro *Coprinus alopecia*, contenente il principio attivo tossico coprina e quindi leggermente velenoso (vedi sotto).

Tossicità: leggermente tossico. Contiene una sostanza (la coprina) che se associata all'alcool (anche residuo), provoca vampate di calore capogiri e in certi casi anche insufficienza respiratoria; si tratta d manifestazioni transitorie. Se non accompagnata da libagioni di alcolici la specie è mangereccia.

G	F	M	A	M	G	L	A	S	O	N	D

Lactarius deliciosus

Nomi volgari: Agarico delizioso - Lapacendro buono - Sanguinello

Identi-Tris

1 Cappello da grigio-rossastro a giallo-arancio, zonato

2 Gambo maculato a fossette

3 Carne rosso carota al taglio per secrezione di latice

Caratteristiche: cappello 4-10 cm, da rosso-carnicino a rosso-arancio, giallo-arancio, successivamente anche macchiato di verde, zonato concentricamente da linee circolari o macchie più scure, centro depresso, pellicola opaca, viscosa per la pioggia; lamelle giallo-arancio; gambo concolore al cappello, con macchie più scure infossate (scrobicoli), relativamente corto, presto cavo; carne bianca, soda, sapore da dolciastro ad amarognolo, latice rosso carota, sulle superfici di taglio per lungo tempo immutato nel colore (non virante al rosso vinato). Psp. giallo-ocracea. Fam. *Russulaceae*.

Habitat: nei boschi di aghifoglie, sotto il pino; soprattutto in terreno calcareo, ma anche sabbioso; da ubiquitario a localmente comune.

Specie similari: esistono più specie di lattari con lattice color carota. Il più comune è il *Lactarius deterrimus* (pag. 146), il cui latice dopo alcuni minuti vira al rosso vinato. *Lactarius sanguiflus* e *vinosus* sono simili ma con latice subito color sangue comunque entrambe commestibili.

Commestibilità: ottimo commestibile, sia alla griglia che impanato. Il sapore amarognolo scompare con una preparazione adeguata.

G	F	M	A	M	G	L	A	S	O	N	D

Lactarius deterrimus

Nomi volgari: Sanguinello – Sanguignolo

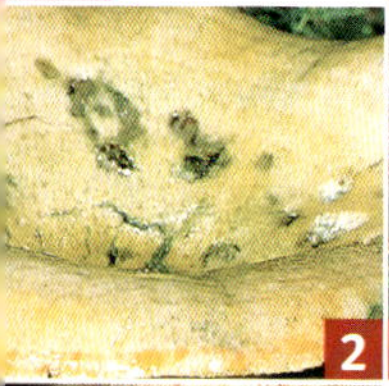

Identi-Tris

1. Fungo arancione, latice rosso carota, crescita sotto il peccio
2. Cappello con ampie macchie verdi da vecchio
3. Gambo non maculato a fossette

Caratteristiche: cappello 4–10 cm, da rosso-arancio a color salmone, tendente a macchiarsi ampiamente di verde con l'età, finemente zonato, ma quasi sempre non zonato, pellicola viscosa per l'umidità; lamelle giallo-arancio, fitte; gambo arancio come il cappello, non maculato; carne rosso carota per latice secreto al taglio, virante al rosso vinato dopo circa 15 minuti, infine verdastra, sapore amarognolo. Psp. giallo-ocracea. Fam. *Russulaceae*.

Habitat: nei boschi di conifere, sotto il peccio; in svariati tipi di terreno. Comune ovunque.

Specie similari: *Lactarius deterrimus* è uno dei fratelli gemelli meno pregiati del *Lactarius deliciosus* (pag. 145), che cresce preferibilmente sotto il pino. *Lactarius salmonicolor* (pag. 147) si accompagna all'abete bianco in terreno calcareo e non presenta macchie verdi da vecchio.

Commestibilità: commestibile; meno buono del *deliciosus* per il sapore amarognolo. Sbollentato, stufato e poi preparato con della salsa alla panna è abbastanza gustoso.

G	F	M	A	M	G	L	A	S	O	N	D

Lactarius salmonicolor

Nomi volgari: Sanguignolo

Identi-Tris

1. Cappello arancio salmone
2. Gambo maculato a fossette
3. Crescita sotto abete bianco

Caratteristiche: cappello 4-12 cm, da rosso-arancio, arancio salmonato, raramente macchiato di verde, non zonato, centro depresso, pellicola opaca, viscosa per la pioggia; lamelle color salmone; gambo concolore al cappello, con macchie più scure infossate (scrobicoli), relativamente corto, presto cavo; carne bianca, soda, sapore da dolciastro ad amarognolo, latice rosso carota, sulle superfici di taglio dopo alcuni minuti virante al rosso vinato. Psp. giallo-ocracea. Fam. *Russulaceae*.

Habitat: nei boschi di aghifoglie, sotto abete bianco; soprattutto in terreno calcareo. Nel suo habitat molto frequente.

Specie similari: simile alle specie con latice rosso carota descritte precedentemente dalle quali si separa pe l'habitat e per le tonalità salmonee presenti soprattutto sulle lamelle e sul gambo. *Lactarius zonarioides* e simile ma con latice bianco e zonature sul cappello e crescie sotto peccio in montagna.

Commestibilità: buon commestibile, sia alla griglia che trifolato nel misto.

G	F	M	A	M	G	L	A	S	O	N	D

Lactarius rufus

Nomi volgari: Lattario fulvo

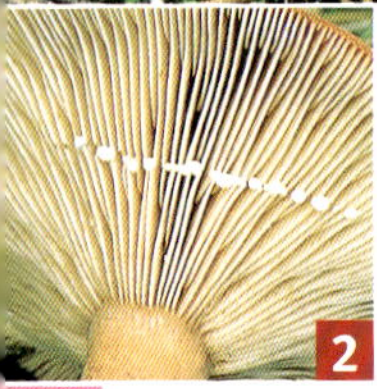

Identi-Tris

1. Cappello rosso-bruno con piccolo umbone acuto
2. Latice bianco immutabile
3. Sapore acre

Caratteristiche: cappello 3–8 cm, rosso-bruno più o meno scuro, centro presto depresso con un piccolo umbone acuto, pellicola opaca e asciutta; lamelle da ocra chiare a ocraceo-rossastre, fitte; gambo uniformemente bruno-rossastro come il cappello, o un po' più chiaro, slanciato e cilindrico; carne bianca alla rottura, secernente un latice bianco che non muta colore, inodore, sapore nettamente acre dopo qualche secondo. Psp. biancastra. Fam. *Russulaceae*.

Habitat: nei boschi di conifere e misti, sotto il peccio, il pino e altre aghifoglie; compare in massa nei terreni acidi; comune.

Specie similari: molti *Lactarius* hanno una colorazione bruno-rossastra e possono facilmente essere confusi fra di loro: p. es. il *Lactarius quietus* (pag. 149), dal sapore dolce e odore di cimice delle piante; il *Lactarius camphoratus*, con carne dolce, odore di canfora, lattice bianco-acquoso; il *Lactarius subdulcis*, tipico accompagnatore del faggio, con sapore da dolce ad amarognolo, odore oleoso e lattice biancastro. Tutte le specie citate non sono tossiche.

Nota: non commestibile; tuttavia sbollentando il fungo lo si rende molto meno pepato e quindi fruibile a scopo alimentare.

G	F	M	A	M	G	L	A	S	O	N	D

Lactarius quietus

Identi-Tris

1. Cappello marrone pallido, debolmente zonato
2. Latice biancastro-sieroso
3. Odore di cimice

Caratteristiche: cappello 3-8 cm, da bruno carnicino a rosso mattone, per nulla o debolmente zonato, o macchiato concentricamente, centro dapprima convesso, poi leggermente depresso, pellicola opaca e asciutta; lamelle rosso ocraceo chiaro, color cannella con l'età, mediamente fitte; gambo concolore al cappello, tendente a scurire verso il piede; carne che alla rottura secerne un latice biancastro-sieroso, tendente poi al giallino, odore di cimice, sapore dolce. Psp. giallo-chiara. Fam. *Russulaceae.*

Habitat: nei boschi di latifoglie e misti, sempre sotto le querce, sia in terreno acido che calcareo, gregario; comune.

Specie similari: il *Lactarius subdulcis,* commestibile con riserva, tipico simbionte del faggio, pur somigliandogli, presenta un cappello più liscio. Il *Lactarius decipiens,* non commestibile, cresce sotto le querce e ha una colorazione più intensa. Il suo latice bianco vira al giallo zolfo e ha un sapore molto acre. Il *Lactarius rufus* (pag. 148) cresce in gruppi numerosi nelle foreste di conifere.

Commestibilità: commestibile; prima della preparazione finale andrebbe sbollentato per migliorarne il sapore.

G	F	M	A	M	G	L	A	S	O	N	D

Lactarius chrysorrheus

Identi-Tris

1. Cappello zonato
2. Latice giallo zolfo
3. Presso le quercie

Caratteristiche: cappello 3–10 cm, di un colore delicato rosa aranciato, zonato concentricamente, piano convesso, poi largamente depresso, superficie brillante, asciutta e leggermente pruinosa; lamelle inizialmente crema pallide poi rosate infine arancio-ruginose; gambo da biancastro a concolore al cappello, cilindrico un po' clavato, pruinoso nella parte superiore; carne che alla rottura secerne un latice biancastro che vira velocemente al giallo zolfo; odore insignificante, sapore acre. Psp. giallo-chiara. Fam. *Russulaceae*.

Habitat: nei boschi di latifoglie e misti, predilige la quercia; è sicuramente uno dei lattari più comuni in centro e sud Italia.

Specie similari: *Lactarius decipiens*, con latice pure ingiallente e dello stesso habitat, si distingue per il cappello rossiccio chiaro e per l'assenza di zonature e per il forte odore di pelargonio.

Commestibilità: non commestibile per il sapore eccessivamente acre.

G	F	M	A	M	G	L	A	S	O	N	D

Lactarius helvus

Nomi volgari: Lattario delle paludi

Identi-Tris

1. Lattario ocraceo amante dei luoghi umidi
2. Pellicola del cappello scaglioso-fibrillosa
3. Odore di sedano montano

Caratteristiche: cappello 5–12 cm, giallo-brunastro spento, bruno-carnicino o grigio-ocraceo, uniforme o punteggiato-zonato, pellicola asciutta, spesso fibrillosa; lamelle ocra chiaro, tendenti poi a scurire, in genere fitte; gambo concolore al cappello, presto cavo e quindi molto fragile; carne secernente un latice acquoso, poco abbondante che si esaurisce subito, odore marcato di sedano montano (o aromatizzante per brodo), sapore dolce. Psp. giallo-chiara. Fam. *Russulaceae*.

Habitat: nei boschi di conifere, sotto il peccio o il pino, in terreni acidi umido-paludosi, in particolare tra le torbiere; nel suo habitat molto comune.

Specie similari: hanno un odore simile gli esemplari vecchi del *Lactarius camphoratus*, più piccolo di taglia, fungo commestibile dal colore bruno-rossastro, che non di rado cresce nei boschi di latifoglia e conifera in terreno asciutto.

Tossicità: leggermente tossico; il suo sapore dolce invita al consumo, che in quantità elevata può provocare malesseri e vomito. Assieme a *Lactarius flexuosus* sono sicuramente per ora gli unici lattari velenosi.

G	F	M	A	M	G	L	A	S	O	N	D

Lactarius volemus

Nomi volgari: Lattario volemo

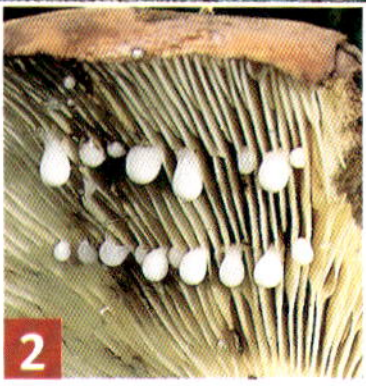

Identi-Tris

1. Lattario di grossa taglia, compatto, color fulvo-arancio
2. Latice bianco, copioso alla frattura della carne
3. Odore di aringa

Caratteristiche: cappello 5-15 cm, da giallastro-arancione a fulvo-arancio, anche color mattone scuro o castano, carnoso, pellicola opaca e secca, spesso con screpolature concentriche; lamelle giallastre, poi giallo ocra pallido, fitte; gambo concolore al cappello, in genere con una tonalità più chiara, compatto, claviforme. Il cappello, le lamelle e il gambo sono molto sensibili alla pressione. Da ogni pur piccola frattura della carne sgocciola copioso del latice, che seccandosi diventa brunastro. Carne biancastra, molto soda e pesante, latice bianco, appiccicoso, che toglie sensibilità alla lingua e al palato, odore di aringa, sapore dolce. Psp. bianco-giallina. Fam. *Russulaceae*.

Habitat: nei boschi di latifoglie e aghifoglie, sotto pecci, pini, faggi o querce, in terreni calcarei; localmente comune.

Specie similari: l'odore di pesce e la copiosa secrezione di lattice bastano a rendere la specie inconfondibile. La descrizione di molteplici varietà dipende dalla sua notevole mutevolezza.

Commestibilità: commestibile; se preparato in modo adeguato è un fungo eccellente (tagliarlo a fette sottili e friggerlo per bene nell'olio). La sua carne non è mai invasa da larve.

G	F	M	A	M	G	L	A	S	O	N	D

Lactarius torminosus

Nomi volgari: Peveraccio delle coliche

Identi-Tris

1 Cappello roseo, zonato

2 Orlo del cappello villoso

3 Sapore acre

Caratteristiche: cappello 4–12 cm, da rosa carnicino chiaro a rosa crema, con zonatura concentrica più scura, orlo a lungo involuto e villoso, centro presto depresso, pellicola viscosa per la pioggia; lamelle biancastre o color crema, molto fitte; gambo da biancastro a rosa chiaro, tendente a divenire cavo; carne biancastra, secernente del latice bianco immutabile al taglio, aroma lievemente fruttato, sapore acre. Psp. color crema pallido. Fam. *Russulaceae*.

Habitat: sotto le betulle, in boschi di vario genere; in terreni acidi sabbiosi o argillosi non troppo umidi; da sporadico a localmente comune.

Specie similari: il *Lactarius pubescens*, un suo parente stretto molto pepato, cresce pure solo sotto le betulle. Ha il cappello più chiaro e mai zonato. È un fungo che appare molto volentieri nei parchi e nei giardini urbani dove sono state messe a dimora betulle.

Nota: non commestibile per il sapore pepato; nell'Europa settentrionale e orientale la specie viene »addolcita« mediante svariate messe a bagno e bolliture e poi conservata a scopo alimentare sotto sale o sott'aceto aromatizzato.

G	F	M	A	M	G	L	A	S	O	N	D

Lactarius tesquorum

Nomi volgari: Amarieddu - Marieddhru

Identi-Tris

1. Cappello roseo
2. Margine del cappello villoso con residui di foglie imbrigliate
3. Crescita sotto cisto

Caratteristiche: cappello 4-10 cm, da rosa carnicino chiaro a rosa col passare del tempo crema-giallognolo, superficie lanoso-villosa, un po' appiccicosa, centro depresso; lamelle biancastre con sfumature rosa, fitte, brevemente decorrenti; gambo da biancastro a rosa chiaro, corto, tendente a divenire cavo, attenuato alla base; carne biancastra, secernente del latice bianco immutabile al taglio, odore intenso di frutta immatura, sapore acre. Psp. color crema pallido. Fam. *Russulaceae*.

Habitat: comune in tutta la zona mediterranea, nella macchia a cisto.

Specie similari: il *Lactarius pubescens* e *torminosus* sono simili ma crescono sotto la betulla, *Lactarius mairei* cresce sotto quercia ed ha la superficie del cappello tormentosa e non lanosa.

Nota: specie largamente cosumata in sud Italia in particolare nella penisola Salentina nonostante il sapore estremamente acre.

G	F	M	A	M	G	L	A	S	O	N	D

Lactarius turpis

Sinonimi: Lactarius plumbeus – Lactarius necator

Nomi volgari: Lattario turpe

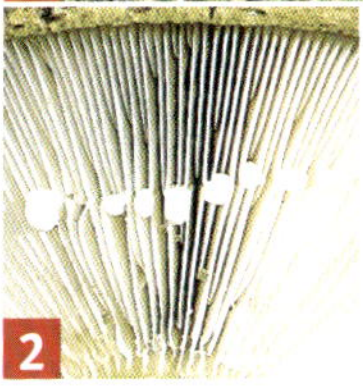

Identi-Tris

1. Cappello olivastro-scuro
2. Latice bianco
3. Sapore acre

Caratteristiche: cappello 5-12 cm, da olivaceo a olivastro-scuro, depresso al centro, pellicola viscosa per l'umidità, da liscio a ruvido-granuloso, margine a lungo involuto e da fibroso a lanuginoso; lamelle da biancastre a crema-avorio-gialline, spesso con macchie bruno-olivastre, fitte; gambo olivastro, liscio o con fossette (scrobicolato), presto cavo; carne biancastra, latice bianco, sapore acre. Psp. color crema pallido. Fam. *Russulaceae*.

Habitat: nei boschi di aghifoglie e latifoglie, in particolare sotto le betulle, ma anche nelle foreste di solo abete rosso; comune.

Specie similari: *Lactarius fluens* e *blennius*, due specie pepate e non commestibili, hanno una colorazione analoga, ma si accompagnano al faggio; il loro lattice, seccandosi all'aria, volge al grigio.

Nota: non commestibile. La specie, anche se trattata preventivamente (messa a bagno, bollitura), è del tutto sconsigliata per scopi alimentari. In test di laboratorio si è evidenziato che la necatorina in essa contenuta provoca alterazioni cellulari nei topi.

G	F	M	A	M	G	L	A	S	O	N	D

Lactarius vellereus

Nomi volgari: Lattario vellutato

Identi-Tris

1 Cappello grande, bianco, con resti di terriccio

2 Latice bianco

3 Latice con sapore dolce

Caratteristiche: cappello 8-20 cm, bianco pallido, tendente a ingiallire leggermente con l'età, centro depresso a imbuto, pellicola asciutta, finemente tomentoso-vellutata, con attaccati resti di humus o terriccio; lamelle bianche, poi con macchie ocracee, da fitte a mediamente spaziate, quasi decorrenti ad arco lungo il gambo; gambo bianco, corto; carne bianca, molto soda, pesante e anche tenace, latice bianco. Il latice ha un sapore dolce; fa solo perdere leggermente sensibilità ai denti. La carne al contrario è nettamente pepata (!). Psp. biancastra. Fam. *Russulaceae*.

Habitat: nei boschi di latifoglie e misti; gregario, sotto i faggi o le querce.

Specie similari: nel *Lactarius bertillonii*, dall'aspetto del tutto simile, anche il latice ha un sapore acre. Il *Lactarius piperatus*, anch'esso bianco, cresce nei boschi di latifoglie in terreno calcareo. Ha un sapore acre, ma viene consumato volentieri dagli intenditori.

Nota: non commestibile per la carne coriacea e pepata. Tuttavia nell'Europa dell'est il fungo è molto apprezzato; gli esemplari giovani vengono tagliati a fette sottili e poi arrostiti.

G	F	M	A	M	G	L	A	S	O	N	D

Lactarius scrobiculatus

Nomi volgari: Lattario butterato

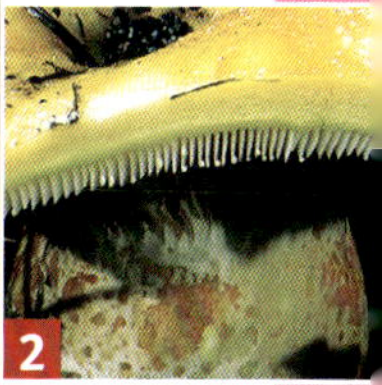

Identi-Tris

1 Grande lattario delle abetaie, di color giallo paglierino

2 Latice giallo zolfo all'aria

3 Gambo con fossette (scrobicoli)

Caratteristiche: cappello 8-15 cm, da giallo paglierino a giallo limone o giallo oro, con zonature o chiazze più scure, presto depresso a imbuto al centro e con margine tomentoso-villoso, pellicola viscosa per la pioggia; lamelle da biancastre a giallino-pallide, fitte; gambo bianco-giallastro, con fossette (scrobicoli) ocracee, all'interno di solito nettamente cavo; carne biancastra con latice bianco che all'aria vira rapidamente al giallo zolfo, leggero odore di frutta o di limone, sapore molto pepato e amaro. Psp. color crema. Fam. *Russulaceae*.

Habitat: nei boschi di conifere e misti, sotto i pecci; in terreno calcareo, nelle zone di media e alta montagna; comune in determinate regioni.

Specie similari: *Lactarius citriolens*, fungo abitante dei boschi di latifoglia molto simile e raro, ha un pronunciato odore di buccia di limone. *Lactarius repraesentaneus* si differenzia per il latice che diventa violetto. Entrambe le specie sono rare e non commestibili.

Nota: non mangereccio senza trattamento preventivo. Si può attenuarne l'acredine e renderlo commestibile trattandolo come il *Lactarius torminosus* (vedi pag. 153).

G	F	M	A	M	G	L	A	S	O	N	D

Russula vesca

Nomi volgari: Russula edule

1

2

Identi-Tris

1. Russula color carne, a gambo relativamente corto
2. Pellicola del cappello un po' ritratta dall'orlo
3. Sapore dolce

Caratteristiche: cappello 5-10 cm, da color carne a carnicino-brunastro, raramente con netta tonalità rossastra, scolorante in chiazze ocracee, presto appianato-convesso, pellicola leggermente viscosa per la pioggia, tipicamente terminante 1-2 mm prima dell'orlo (!); lamelle da biancastre a crema, fitte; gambo bianco, piuttosto corto, base attenuata e spesso con macchie ocracee; carne bianca, relativamente soda, inodore e dolce. Psp. bianca. Fam. *Russulaceae.*

Habitat: nei boschi di latifoglia e aghifoglia, sotto le querce, i faggi, le betulle, ma anche sotto i pini e i pecci; prevalentemente in terreni sabbiosi; comune.

Specie similari: molto simili sono le diverse forme della *Russula emetica* (non commestibile pag. 159), che hanno un sapore acre. Chi non la volesse assaggiare potrà riconoscerla dal leggero profumo fruttato. Anche la *Russula paludosa* (pag. 160) e la *Russula velenovskyi*, entrambe commestibili, hanno il cappello rosso, con la pellicola che però che arriva all'orlo dello stesso.

G	F	M	A	M	G	L	A	S	O	N	D

Russula emetica var. emetica

Nomi volgari: Colombina rossa

Identi-Tris

1 Russula di taglia media, con cappello rosso cigliegia

2 Lamelle bianche candide

3 Sapore molto acre

Caratteristiche: cappello 2-8 cm, da rosso sangue o rosso ciliegia vivo, a volte con macchie ocracee, poco carnoso, a lungo convesso, pellicola untuosa per l'umidità, leggermente brillante; lamelle candide, fitte, con filo finemente seghettato; gambo bianco, raramente soffuso di rosso: carne bianca, rossastra sotto la pellicola del cappello, odore fruttato, sapore molto acre. Psp. bianca. Fam. *Russulaceae*.

Habitat: nei boschi di latifoglie e aghifoglie; appare in diverse varietà in ogni tipo di terreno; comune.

Specie similari: questa specie viene suddivisa in diverse varietà: *var. emetica* che cresce in terreno acido, talvolta anche umido e muschioso, sotto l'abete rosso; *var. silvestris*, abitante dei boschi di pino meno umidi; *var. betularum*, più delicata e sbiadita, sotto la betulla in terreno umido. La *Russula vesca*, dal sapore dolce (pag. 158), è una specie commestibile con cappello da rosaceo a color carne.

Nota: tutte le varietà di *R. emetica* non sono commestibili per il loro sapore molto acre. La prova di assaggio del fungo crudo per identificarlo con precisione deve limitarsi a piccole quantità e non essere ripetuta troppo spesso in un solo giorno perché altrimenti si va incontro a malessere e vomito.

G	F	M	A	M	G	L	A	S	O	N	D

Russula paludosa

1	Russula rossa di grossa taglia, abitante dei boschi di conifere
2	Cappello spesso umbonato
3	Sapore dolce

Identi-Tris

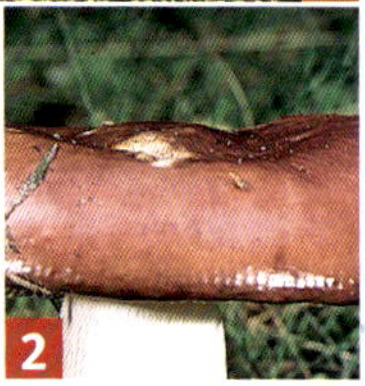

Caratteristiche: cappello 5-15 cm, da rosso-arancio a rosso-mela più o meno scuro, spesso con chiazze o del tutto color crema-ocraceo, centro con largo umbone soprattutto negli esemplari aperti a ombrello, pellicola viscosa per l'umidità, tipicamente brillante da asciutta; lamelle bianche, poi color crema, non troppo fitte; gambo bianco, occasionalmente anche con sfumature rossastre; carne bianca, nel gambo volgente al grigio con l'età, non troppo soda, inodore, con sapore dolce. Psp. ocra. Fam. *Russulaceae*.

Habitat: nei boschi di conifere, sotto il pino o il peccio; in terreni acidi, talvolta anche abbastanza umidi o persino paludosi; localmente spesso appare in massa.

Specie similari: la *Russula decolorans* (commestibile, pag. 161) può somigliare parecchio agli esemplari sbiaditi della *R. paludosa*, ma ha una carne che tende a ingrigire più nettamente. La *Russula badia* (pag. 162) può assumere un sapore molto pepato dopo qualche minuto e non è commestibile.

Commestibilità: commestibile; fungo molto redditizio per la comparsa in massa, ma non troppo aromatico e quindi da usare più che altro nel misto.

G	F	M	A	M	G	L	A	S	O	N	D

Russula decolorans

1

Identi-Tris

1. Russula color rosso-arancio dei boschi di peccio
2. Carne e lamelle grigio-cenere con l'età
3. Sapore dolce

2

Caratteristiche: cappello 4-10 cm, da giallo-arancio a rosso-arancio, tendente a sbiadire al giallo oro, con parti rosicchiate che diventano grigio-cenere, pellicola viscosa per l'umidità, orlo leggermente striato solo negli esemplari maturi; lamelle dapprima biancastre, poi crema, tendenti a chiazzarsi di grigio, quasi fitte; gambo bianco, nettamente grigio con l'età; carne bianca che diventa progressivamente grigio-cenere, odore insignificante, sapore dolce. Psp. ocracea. Fam. *Russulaceae*.

Habitat: nei boschi di aghifoglie; è un tipico fungo delle abetaie in terreno acido; spesso appare assieme alla *Russula paludosa*; localmente comune.

Specie similari: le russule con carne del gambo tendente a diventare grigia o nerastra costituiscono un piccolo gruppo a sé; la commestibile *Russula claroflava* possiede un cappello giallo cromo e cresce in zone umide. Anche la carne del gambo della *Russula ochroleuca* talvolta diventa leggermente grigia. Gli esemplari sbiaditi al giallo ocra della *Russula paludosa* (pag. 160) talvolta sono difficilmente distinguibili dalla decolorans, ma egualmente mangerecci.

Commestibilità: commestibile, buono nel misto.

G	F	M	A	M	G	L	A	S	O	N	D

Russula badia

Identi-Tris

1. Russula rosso-bruna dei boschi di conifere
2. Lamelle arrotondate al gambo
3. Sapore molto acre ritardato

Caratteristiche: cappello 5-10 cm, rosso-bruno scuro, con tonalità vinata, anche uniformemente bruno, centro spesso bruno-nerastro leggermente depresso, pellicola untuoso-viscosa per l'umidità, poi semiopaca, orlo gibboso-striato da vecchio; lamelle biancastre, poi crema, fitte, arrotondate al gambo che non sempre toccano; gambo bianco, talora con tonalità rossastre; carne bianca, molto soda, odore delicatamente fruttato, di legno cedro (scatola di sigari) allo sfregamento quella delle lamelle o della base del gambo, sapore molto acre che si manifesta un po' dopo (da qualche decina di secondi sino a un minuto) l'assaggio, di rado subito pepato. Psp. color ocra intenso. Fam. *Russulaceae*.

Habitat: nei boschi di conifere, sotto pini, pecci o abeti bianchi; spesso compare in massa nelle pinete con terreno sabbioso; localmente comune.

Specie similari: si può distinguere bene dalla commestibile *Russula paludosa* (pag. 160) grazie al suo odore di legno di cedro. La *Russula xerampelina* (commestibile, pag. 163) ha un tipico odore di aringa.

Nota: non commestibile per il suo sapore troppo acre.

G	F	M	A	M	G	L	A	S	O	N	D

Russula xerampelina

Identi-Tris

1. Russula rossastra di grossa taglia dei boschi di aghifoglia
2. Gambo soffuso di rosso
3. Odore d'aringa

aratteristiche: cappello 5–12 cm, rosso porpora vivo, rosso vinato o rosso sangue, centro spesso nerastro, pellicola molto viscosa per l'umidità; lamelle color crema, poi ocra, quasi fitte, da arrotondate a libere al gambo; gambo con tonalità rosse su fondo bianco, presto cavo-farcito; carne bianca, tendente a ingiallire rapidamente, virante al bruno (in particolare alla base del gambo) allo sfregamento, odore dapprima poco marcato, poi subito di aringa, sapore dolce. Psp. color ocra intenso. Fam. *Russulaceae.*

abitat: nei boschi di aghifoglie, sotto l'abete rosso e il pino; sia in terreno acido che calcareo; relativamente comune.

pecie similari: gli somiglia la pepatissima *Russula badia* (pag. 162), che però non odora assolutamente di aringa. Quest'odore lo riscontriamo sia nella *Russula graveolens*, fungo dalle tonalità marroncine accompagnatore della quercia, che nella *Russula elaeodes*, dal colore olivastro, che appare sotto querce e faggi.

ommestibilità: commestibile, buono nel misto; l'odore di aringa scompare con la cottura.

G	F	M	A	M	G	L	A	S	O	N	D

Russula olivacea

Identi-Tris

1. Russula di grossa taglia, colore da oliva a violaceo
2. Cappello con bande concentriche
3. Presso faggio

Caratteristiche: cappello 5-18 cm, da violaceo a verdastro ma anche rosso porpora acceso, questa russula possiede una variabilità cromatica molto elevata, centro spesso decolorato; al bordo sono presenti delle bande di colore concentriche molto caratteristiche, cuticola asciutta ed opaca; lamelle pallide poi ocra-giallastre, quasi fitte, poi più distanziate, forcato anastomosate in più punti; gambo cilindrico bianco con sfumature rosacee, all'apice, vicino alle lamelle e quasi sempre cinto di un alone rosso porpora; carne bianca, rosata sotto la cuticola del cappello, odore insignificante, sapore mite. Psp. color gialla. Fam. *Russulaceae*.

Habitat: nei boschi di latifoglia in particolare sotto faggio.

Specie similari: *Russula alutacea* che è meno robusta, non cresce sotto faggio e non presenta le bande concentriche di colore sul cappello. *Russula badia* (pag. 162), che però possiede un altro odore ed è pepatissima, *Russula cyanoxantha* (pag. 167) ha colorazioni più violette e lamelle unte al tocco.

Commestibilità: sospetto, pur essendo una specie a sapore mite, ha causato in passato forti gastroenteriti, probabilmente perchè cotta poco.

G	F	M	A	M	G	L	A	S	O	N	D

Russula aurea

Sinonimi: Russula aurata
Nomi volgari: Colombina dorata

Identi-Tris

1. Cappello medio-grande, rosso
2. Lamelle con tonalità giallo cromo
3. Sapore dolce

Caratteristiche: cappello 4-10 cm, rosso e giallo cromo, alle volte più intenso l'uno rispetto all'altro o viceversa; pellicola un po' appiccicosa per l'umidità; lamelle fitte semilibere, da bianche a color giallo paglierino, filo spesso giallo cromo; gambo bianco, con toni gialli; carne biancastra, inodore, sapore dolce. Psp. ocra. Fam *Russulaceae*.

Habitat: nei boschi di latifoglie e aghifoglie, in ogni tipo di terreno e a varie altitudini; molto comune.

Specie similari: la presenza del colore giallo cromo la rendono inconfondibile tra tutte le russole però alle volte può presentarsi nella sua varietà *axantha*, priva di colorazioni gialle, in questo caso potrebbe essere confusa con le russole del gruppo della *Russula emetica* (pag. 159) che ricordo essere estremamente piccanti.

Commestibilità: buon fungo commestibile.

G	F	M	A	M	G	L	A	S	O	N	D

Russula nigricans

Identi-Tris

1 Russula compatta, color terra

2 Lamelle grosse e spaziate

3 Carne arrossante (taglio)

Caratteristiche: cappello 8–15 cm, biancastro da giovane, poi grigio-marrone e infine quasi nero, pellicola opaca e asciutta; lamelle biancastre da giovani, poi fuligginose, grosse, spaziate; gambo dapprima bianco, poi color terra sporco come il cappello; carne biancastra, virante al rosso carnicino al taglio, compatta e non elastica, odore insignificante, sapore dolce, talvolta un po' acre nelle lamelle. Psp. bianca. Fam. *Russulaceae*.

Habitat: nei boschi di latifoglia e aghifoglia, sotto le querce e i faggi, ma anche i pecci; senza particolari esigenze in fatto di terreno; comune.

Specie similari: la caratteristica più tipica di questa specie è costituita dalle lamelle grosse e spaziate. Nelle altre russule del gruppo delle *Nigricantine* sono più fitte: ad es. nella *Russula adusta*, che cresce sotto i pini e odora di botte da vino; nella *Russula densifolia*, che appare nei boschi misti su terreni sabbiosi e calcarei; nella *Russula anthracina*, con carne direttamente annerente.

Commestibilità: non commestibile per la carne troppo compatta e poco aromatica, come tutte le altre *Nigricantine*.

G	F	M	A	M	G	L	A	S	O	N	D

Russula cyanoxantha

Nomivolgari: Russula iridescente - Russula maggiore - Colombina maggiore

1

Identi-Tris

1. Russula grigio-blu-violetta di grossa taglia
2. Lamelle bianche, intercalate da lamellule
3. Lamelle che non si sbriciolano al tocco

2

Caratteristiche: cappello 5-15 cm, di solito multicolore con tonalità miste verdastre, blu e violette, tendenti a sbiadire verso l'ocraceo, pellicola umido-appiccicosa, in genere opaca ma non pruinosa; lamelle biancastre, quasi fitte, intercalate da lamellule come nei funghi a lamelle veri e propri (eterogenei), elastiche, che non si sbriciolano al tocco (eccezione tra le russule); gambo uniformemente bianco, raramente soffuso di violetto; carne bianca, senza odore particolare, sapore dolce. Psp. bianca. Fam. *Russulaceae*.

Habitat: nei boschi di latifoglie e aghifoglie, in particolare sotto le querce e i faggi, più raramente sotto i pecci; ama i suoli calcarei; localmente comune.

Specie similari: *Russula cyanoxantha* si riconosce per la notevole taglia e la particolare colorazione del cappello. *Russula ionochlora*, commestibile, cresce in terreni acidi ed è un po' più piccola; lo stesso dicasi per *Russula parazurea*. Entrambe sono riconoscibili perché presentano cappelli pruinosi e lamelle fragili.

Commestibilità: tra le migliori e più redditizie russule commestibili; fungo eccellente nel misto.

G	F	M	A	M	G	L	A	S	O	N	D

Russula virescens

Nomi volgari: Colombina verdeggiante – Verdone

Identi-Tris

1. Russula verdastra
2. Cuticola dissociata in placche
3. Sapore dolce

Caratteristiche: cappello 5-15 cm, carnoso, da giovane biancastro, poi color verderame, profilo trapezioidale (ben visibile nei giovani esemplari), cuticola presto dissociata in scaglie, spesso può colorarsi di giallo-ocraceo; lamelle color crema, fitte, in seguito spaziate; gambo cilindracelo, con base attenuata, bianco; carne a lungo bianca, compatta, gessosa, inodore, sapore mite. Psp. color crema. Fam. *Russulaceae.*

Habitat: nei boschi di latifoglie più raramente di conifere, in luoghi asciutti. Frequente e molto ricercato dai ricercatori esperti.

Specie similari: *Russula aeruginea* è una specie simile (cappello con colorazione verdastra) ma, si differenzia per avere una cuticola non screpolata, la carne più fragile e per preferire la crescita in boschi di aghifoglia.

Commestibilità: ottimo fungo commestibile, è considerata la più pregiata russula presente in Italia.

G	F	M	A	M	G	L	A	S	O	N	D

Russula delica

Nomi volgari: Colombina bianca - Tufirone

Identi-Tris

1 Russula compatta, color bianco

2 Lamelle grosse e strette

3 Cappello fortemente depresso

Caratteristiche: cappello 8-20 cm, carnoso, da bianco puro a bianco-ocraceo, fortemente depresso a forma di cratere, cuticola opaca e asciutta, spesso sporca di terra, margine a lungo involuto; lamelle biancastre, decorrenti sul gambo; gambo bianco, corto e solido; carne bianca, compatta tendente con il tempo ad inbrunire, odore fruttato a maturità sgradevole, sapore da mite a leggermente acre. Psp. bianca. Fam. *Russulaceae*.

Habitat: nei boschi di latifoglia e aghifoglia, crescita semi ipogea; molto comune.

Specie similari: assomiglia sia come portamento sia come colore a tutti i lattari di colore bianco come *Lactarius vellereus* (pag. 156), *piperatus*, *bertillonii*, *glaucescens*, che però posseggono carne che alla frattura secerne del latice bianco.

Commestibilità: non commestibile per la carne troppo compatta e poco aromatica; invece nelle Marche ed in Umbria vengono comunemente ricercati e consumati cucinati alla griglia.

☐

G	F	M	A	M	G	L	A	S	O	N	D

Boletus calopus

Sinonimi: Boletus pachypus – Boletus olivaceus

Identi-Tris

1 Boleto dal cappello chiaro

2 Pori gialli

3 Gambo giallo-rosso vivo, reticolato

Caratteristiche: cappello 5–15 cm, bianco sporco, da grigio chiaro a bruno pallido, pellicola asciutta, opaca; tubuli da giallo citrino a giallo cromo, giallo-olivastri da maturi, viranti al verde-bluastro al tocco; gambo di un bel colore giallo e rosso, reticolato sull'intera superficie, claviforme-ventricoso; carne da biancastra a color crema-paglierino, che diventa debolmente verde-bluastra al taglio, odore insignificante, sapore nettamente amaro. Psp. ocroceo-olivastra. Fam. *Boletaceae*.

Habitat: nei boschi di latifoglie e conifere, sotto i pecci o i faggi; predilige i terreni acidi. In certe regioni comune.

Specie similari: il *Boletus radicans* presenta anch'esso un cappello chiaro, ma il gambo non reticolato e di color giallo chiaro. Il *Boletus satanas* (non commestibile, pag. 171) si riconosce facilmente per i suoi tubuli rossi. Entrambi crescono in terreni calcarei.

Nota: la specie non è mangereccia per via del sapore amaro; probabilmente è anche lievemente tossica.

G	F	M	A	M	G	L	A	S	O	N	D

Boletus satanas

Nomi volgari: Porcino malefico

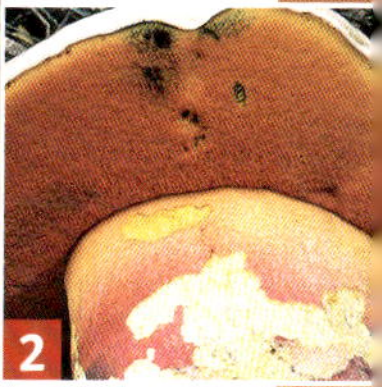

Identi-Tris

1 Grande boleto dal cappello chiaro su suolo calcareo

2 Tubuli rosso-aranciati

3 Carne virante debolmente al blu (taglio)

Caratteristiche: cappello 8-25 cm, bianco-pallido-grigiastro, giallino nei punti rosicchiati dagli animali, pellicola asciutta e opaca; tubuli rosso aranciati o rosso sangue, tendenti a perdere le tonalità rossastre con l'età, viranti al tocco più o meno intensamente al blu; gambo d'un bel color rosso carminio soprattutto nella parte inferiore, giallo cromo in quella superiore, o anche solo con una zona rossastra ristretta, superficie reticolata; carne da biancastra a giallo-paglierina, che vira leggermente al blu al taglio, odore dapprima dolciastro-fruttato, poi con una nota di carne putrefatta, sapore dolce. Psp. bruno-olivastra. Fam. *Boletaceae*.

Habitat: nei boschi di latifoglie, sotto le querce e i faggi, solo in terreni calcarei; non molto comune.

Specie similari: soprattutto i meno esperti dovrebbero guardarsi dai boleti con tubuli rossi. La carne dell'innocuo e più comune *Boletus luridus* (pag. 172) al minimo tocco diventa color blu inchiostro.

Tossicità: l'ingestione di questo fungo dal buon sapore provoca violenti e persistenti disturbi gastro-intestinali, con malessere e vomito, senza danni permanenti.

G	F	M	A	M	G	L	A	S	O	N	D

Boletus luridus

Sinonimi: Boletus rubeolarius
Nomi volgari: Boleto lurido

Identi-Tris

1. Grosso boleto bruno-olivastro
2. Gambo con reticolo rossastro
3. Carne blu-scura al tocco

Caratteristiche: cappello 5–20 cm, da giallo-olivastro a bruno-olivastro, talvolta soffuso di rosso, pellicola vellutata, asciutta; tubuli rosso cupo, spesso tendenti a perdere il color rossastro con l'età per assumere infine una tonalità predominante gialla; gambo con reticolo rosso su fondo giallo, che colora spesso di rosso-vinato la base. Tutte le parti del fungo sono molto sensibili al tocco (e taglio), al seguito del quale virano subito al blu inchiostro, sbiadendo nuovamente dopo breve tempo; carne giallastra, molto soda e pesante, virante al blu scuro, odore e sapore poco pronunciato. Psp. grigio-olivastra. Fam. *Boletaceae*.

Habitat: in boschi, parchi o zone verdi, sia su suolo acido che calcareo; localmente comune.

Specie similari: il *Boletus erythropus* (commestibile, pag. 173) presenta un gambo non reticolato e un cappello più scuro. Il *Boletus satanas* (non commestibile, pag. 171) vira solo debolmente al blu.

Commestibilità: commestibile; fungo redditizio, dalla carne soda. Le riserve su un suo consumo troppo abbondante se associato all'assunzione di alcolici – espresse in molti testi micologici – si sono nel frattempo rivelate prive di fondamento (posso confermarlo per personale esperienza).

G	F	M	A	M	G	L	A	S	O	N	D

Boletus erythropus

Sinonimi: Boletus miniatoporus - Boletus luridiformis

1

2

3

Identi-Tris

1 Cappello bruno-scuro, vellutato

2 Tubuli e carne viranti nettamente al blu (sez.)

3 Gambo con fitte granulazioni rossastre

Caratteristiche: cappello 5-20 cm, bruno-rossiccio-scuro, con superficie finemente vellutata e asciutta; tubuli rosso sangue, al tocco subito blu scuri; gambo con fitte granulazioni rossastre su fondo giallastro, non reticolato, base spesso ricoperta di fioccosità giallo-olivastre; carne giallo saturo o bianco-giallastra, soda, che si colora di blu scuro o inchiostro al taglio; odore e sapore poco pronunciato. Psp. bruno-oliva. Fam. *Boletaceae*.

Habitat: nei boschi di latifoglia e conifera, sotto le querce, i faggi ma anche i pecci; ama i terreni acidi; localmente comune.

Specie similari: il *Boletus luridus* (commestibile, pag. 172) si differenzia per il gambo reticolato e il cappello più chiaro. Il gambo del raro *Boletus causasicus* è reticolato nella parte alta, mentre in quella bassa è fioccoso. Il suo valore commestibile è ancora ignoto.

Commestibilità: buon commestibile dalla carne soda. La carne virata al blu con la cottura assume un'appetitosa colorazione giallognola.

G	F	M	A	M	G	L	A	S	O	N	D

Boletus edulis

Nomi volgari: Porcino - Brisa

Identi-Tris

1 Boleto dal cappello bruno, tipico delle conifere

2 Tubuli maturi giallo-olivastri

3 Gambo con reticolo biancastro

Caratteristiche: cappello 5–20 cm, in varie tonalità brune più o meno chiare, raramente biancastro, superficie da liscia a rugolosa, pellicola un po' viscosa per l'umidità; tubuli dapprima biancastri, volgenti sempre più al giallo-olivastro col procedere della maturazione; gambo da biancastro a brunastro chiaro, panciuto-claviforme, ricoperto da un reticolo biancastro, spesso non troppo pronunciato almeno nel terzo superiore; carne bianca, odore gradevolmente fungino, sapore dolce. Psp. bruno-oliva. Fam. *Boletaceae*.

Habitat: nei boschi di conifere e misti, sotto gli abeti, i pini e altre aghifoglie; sia in terreni acidi che calcarei; comune.

Specie similari: i Boleti commestibili (eduli) vengono suddivisi in diverse specie e varietà di difficile distinzione. Frequente è il *B. aestivalis* (pag. 175) che cresce spesso sotto le querce, *Boletus aereus* (pag. 176) frequente in zona mediterranea con reticolo bruno. Un classico sosia è il *Tylopilus felleus* (non commestibile, pag. 177). Con i Boleti dai tubuli rossi, gruppo a cui appartiene il *Boletus satanas* (pag. 171), bisogna stare accorti.

Commestibilità: è uno dei migliori, più saporiti e apprezzati funghi mangerecci, che si presta a essere preparato in tanti modi.

G	F	M	A	M	G	L	A	S	O	N	D

Boletus aestivalis

Sinonimi: Boletus reticulatus

Nomi volgari: Porcino estivo – porcino reticolato

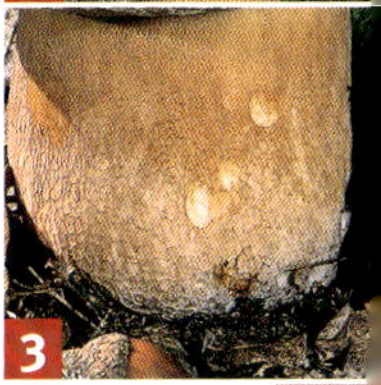

Identi-Tris

1. Porcino precoce che si accompagna alle querce
2. Pellicola del cappello spesso vellutato-scagliosa
3. Gambo brunastro, reticolato su tutta la superficie

Caratteristiche: cappello 5–15 cm, da ocra-nocciola a bruno, pellicola da vellutata a scagliosa, liscia solo nei periodi umidi, opaca e asciutta, appiccicosa in caso di pioggia prolungata; tubuli dapprima da bianco-crema, poi giallo-olivastri; gambo bruno-nocciola, con un reticolo più chiaro sull'intera superficie; carne che resta bianca all'aria, odore e sapore gradevole. Psp. bruno-oliva. Fam. *Boletaceae.*

Habitat: nei boschi di latifoglia e misti, anche in parchi e giardini; specialmente sotto le querce; compare abbastanza presto; comune.

Specie similari: il *Tylopilus felleus* (pag. 177) somiglia particolarmente a questo fungo. Presenta però un gambo giallastro coperto da un reticolo più scuro. Nei casi dubbi, soprattutto quando si ha che fare con esemplari giovani, è consigliata una prova d'assaggio per andar sul sicuro. Il mangereccio *Boletus edulis* (pag. 174) ha una pellicola del cappello più liscia e di solito anche un gambo più chiaro e debolmente reticolato.

Commestibilità: ottimo commestibile, come tutti i porcini.

G	F	M	A	M	G	L	A	S	O	N	D

Boletus aereus

Nomi volgari: Bronzino - Porcino nero

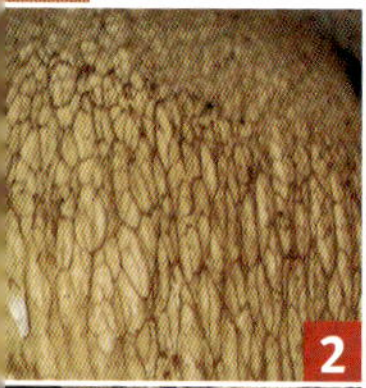

Identi-Tris

1 Porcino tipico delle zone mediterranee

2 Reticolo bruno

3 Cappello con decolorazioni

Caratteristiche: cappello 5-15 cm, colorazione piuttosto scura, da bruno a bruno-nerastro con zone decolorate giallo-ocracee, cuticola opaca finemente tomentosa, mai vischiosa anche nei periodi umidi; tubuli di colore biancastro e tali per lungo periodo, poi giallo-verdastri infine olivastri; pori molto piccoli e concolori ai tubuli; gambo panciuto nei giovani esemplari poi slanciato alle volte incurvato, di color ocra-brunastro, con reticolo fine con colore alla corteccia; carne bianca, immutabile non bruna sotto la cuticola, soda e solo a maturità leggermente molliccia; odore e sapore gradevole. Psp. bruno-oliva. Fam. *Boletaceae*.

Habitat: nei boschi termofili di latifoglia, estremamente diffuso e ricercato in sud Italia. Predilige la quercia ed il castagno.

Specie similari: *Boletus aestivalis* (pag. 175) è la specie più vicina specialmente quando la si trova nelle sue forme più scure, in questo caso la distinzione è più difficile. Le principali caratteristiche distintive sono: la carne molto bianca e più soda nel cappello, le frequenti decolorazioni della cuticola ed i pori mantengono a lungo una colorazione bianco candida.

Commestibilità: ottimo commestibile, come tutti i porcini.

G	F	M	A	M	G	L	A	S	O	N	D

Tylopilus felleus

Sinonimi: Boletus felleus
Nomi volgari: Boleto felleo – Porcino di fiele

1

2

3

Identi-Tris

1 Boleto dal cappello asciutto, da bruno chiaro a scuro

2 Tubuli rosa da maturi

3 Gambo con reticolo scuro

Caratteristiche: cappello 5-15 cm, da beige a bruno più o meno chiaro, di solito con una colorazione che ricorda quella del cartone ondulato, cuticola da opaca a finemente vellutata, asciutta; tubuli bianchi da giovani, poi da rosei a color carne, che si macchiano di bruno al tocco; lo strato di tubuli maturi si gonfia a cuscinetto verso il basso, debordando dal margine del cappello. Gambo da giallo-olivastro a giallo-bruno, con reticolo più scuro rilevato; carne bianca, odore insignificante, sapore amaro. Psp. rosa. Fam. *Boletaceae*.

Habitat: nei boschi di aghifoglie e misti, specialmente sotto pini e pecci, in terreni acidi; comune.

Specie similari: chi raccoglie i porcini deve conoscere anche il porcino di fiele; basta un solo esemplare a rovinare, con la sua carne amarissima, tutto il piatto. I boleti edulì si distinguono per il reticolo più pallido e meno pronunciato. Inoltre i loro tubuli non hanno mai una colorazione rosata. Esiste una varietà (*Tylopilus felleus var. alutarius*) che non è amara!

Nota: non commestibile, amaro anche se non velenoso. Invece di effettuare una prova d'assaggio spesso basta passare la lingua sulla carne tagliata per sentire se è amara o meno.

G	F	M	A	M	G	L	A	S	O	N	D

Xerocomus badius

Sinonimi: Boletus badius

Nomi volgari: Boleto baio

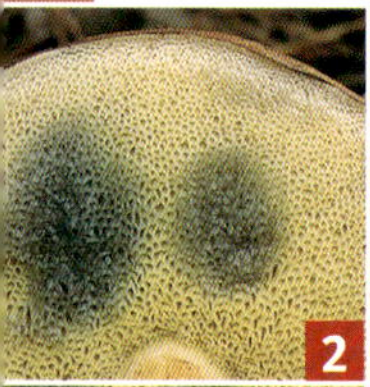

Identi-Tris

1. Boleto medio-grande, dal cappello bruno-castano
2. Tubuli blu al tocco
3. Gambo marmorizzato, non reticolato

Caratteristiche: cappello 5-10 cm, da bruno-baio a bruno-castano, pellicola asciutta, opaca, anche brillante e persino leggermente viscosa per la pioggia; tubuli bianco-giallastri, da giallo-olivastri a verde oliva nel fungo maturo, che diventano blu al tocco; gambo con marmorizzazione brunastra su fondo bianco-giallastro, slanciato, da cilindrico a claviforme; carne da biancastra a giallastra, che diventa nettamente blu al taglio. Questa reazione eccezionalmente può anche non avvenire in caso di tempo asciutto, in periodo tardo-autunnale. Odore e sapore poco pronunciato. Psp. bruno-oliva. Fam. *Boletaceae*.

Habitat: nei boschi di conifere e misti, specialmente sotto pini o pecci, su suolo acido; comune.

Specie similari: i Porcini si distinguono per aver i gambi reticolati e la carne che non vira al blu. *Xerocomus chrysenteron* (pag. 180) e *Xerocomus subtomentosus* (pag. 179) sono specie mangerecce simili ma con colorazioni del cappello differenti.

Commestibilità: commestibile; è un fungo ottimo, dalla carne soda, che regge il confronto col porcino, di cui tra l'altro è più comune; si può anche essiccarlo o congelarlo con buoni risultati.

G	F	M	A	M	G	L	A	S	O	N	D

Xerocomus subtomentosus

Sinonimi: Boletus communis - Boletus subtomentosus

Identi-Tris

1 Cappello bruno-olivastro, vellutato

2 Tubuli (pori) color giallo vivo, relativamente grandi

3 Gambo non rosso alla base

Caratteristiche: cappello 3-10 cm, bruno con toni olivastri più o meno marcati, pellicola finemente vellutata, asciutta anche con la pioggia; tubuli (pori) color giallo vivo, un po' più grandi di quelli delle specie affini; gambo da bianco-giallastro a giallo citrino, di colore uniforme o lievemente marmorizzato, spesso con punteggiatura rugginosa nella parte alta, slanciato e cilindrico; carne biancastra, giallagnola nel gambo, immutabile o solo debolmente blu all'aria, relativamente soda, odore e sapore neutro. Psp. bruno-oliva. Fam. *Boletaceae*.

Habitat: nei boschi di latifoglie e conifere; senza particolari esigenze in fatto di terreno, ubiquitario; comune ma mai molto numeroso.

Specie similari: *Xerocomus ferrugineus* è una specie con cappello più sul bruno, quasi privo di sfumature olivastre e carne bianca. *Xerocomus chrysenteron* (pag. 180) si differenzia per i tubuli (pori) dalla colorazione meno vivace e più stretti. Ha la parte inferiore del gambo rossastra. *Xerocomus badius* (pag. 178) ha un cappello più scuro. Sono tutti commestibili.

Commestibilità: commestibile, buono nel misto; migliore del *X. chrysenteron* per carne più soda e dal sapore neutro.

G	F	M	A	M	G	L	A	S	O	N	D

Xerocomus chrysenteron

Sinonimi: Boletus chrysenteron

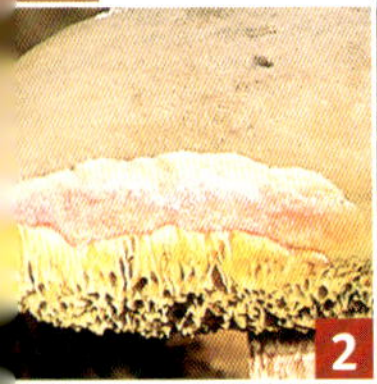

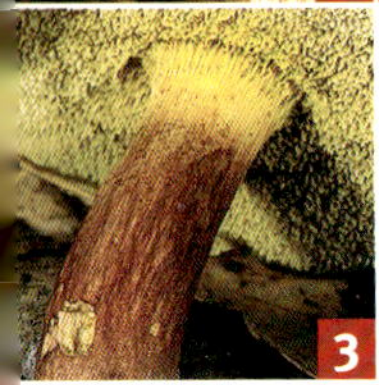

Identi-Tris

1. Boleto vellutato medio-grande, dal gambo slanciato
2. Carne arrossante nei punti rosicati
3. Gambo rossastro nel tratto inferiore

Caratteristiche: cappello 3-7 cm, in svariate gradazioni di marrone misto a tonalità gialle, olivastre o rosse, cuticola asciutta, vellutata, spesso screpolata a reticolo, tendente ad arrossare nei punti rosicati da animali; tubuli giallo spento, giallo-olivastri col progredire della maturazione, blu-verdi al tocco; gambo con fine reticolo rossastro su fondo giallo, soprattutto nella parte inferiore, slanciato; carne giallastra, blu al taglio, poco compatta, odore e sapore un po' acidulo. Psp. bruno-oliva. Fam. *Boletaceae*.

Habitat: nei boschi di latifoglie e conifere, in parchi e giardini; comune ovunque.

Specie similari: questo fungo si presenta in svariate forme. La sua esatta definizione è attualmente oggetto di numerose discussioni. Da confrontare con le seguenti specie commestibili: *Xerocomus badius* (pag. 178), *Xerocomus porosporus*, *Xerocomus rubellus*.

Commestibilità: commestibile, va bene nel misto. La sua carne poco soda non si conserva a lungo e con tempo umido viene rapidamente attaccata da una muffa parassita.

G	F	M	A	M	G	L	A	S	O	N	D

Leccinum scabrum

Sinonimi: Boletus scaber

Nomi volgari: Boleto scabro - Porcinello grigio - Albatrella

1

2

Identi-Tris

1. Cappello a forma di cuscino, in varie tonalità brunastre
2. Gambo con squame nerastre
3. Crescita sotto betulla

Caratteristiche: cappello 4-12 cm, da color cannella chiaro a bruno più o meno scuro (si conoscono anche delle forme albine), cuticola asciutta, leggermente appiccicosa con l'età, tubuli bianco-grigiastri, che si macchiano debolmente di bruno al tocco. Lo strato di tubuli maturi si gonfia tipicamente a cuscino sotto il cappello. Gambo biancastro, ricoperto da minute squame da brunastre a nerastre, slanciato e attenuato verso l'alto; carne bianca, da immutabile a lievemente rosea al taglio, odore e sapore neutro. Psp. brunastra. Fam. *Boletaceae.*

Habitat: sempre sotto le betulle, nei boschi, in zone verdi o giardini, anche in aree umide tra torbiere; comune.

Specie similari: la carne del *Leccinum variicolor* vira al rosso e blu, mentre nel *Leccnum carpini* (pag. 182) annerisce. Nell'apprezzato *Leccinum versipelle* (pag. 183) la pellicola eccede l'orlo del cappello. Tutti i *Leccinum* sono commestibili.

Commestibilità: buon commestibile da giovane, anche se non molto aromatico.

G	F	M	A	M	G	L	A	S	O	N	D

Leccinum carpini

Sinonimi: Leccinum griseum

1

Identi-Tris

1 Cappello da grigio a bruno

2 Superficie cappello con fossette

3 Crescita spesso sotto i carpini

2

Caratteristiche: cappello 4-10 cm, da giallo-brunastro a grigio-bruno, superficie irregolare con tipiche fossette, pellicola viscosa per l'umidità, spesso screpolata in areole per il secco, semiopaca; tubuli giallo-crema pallido, grigio-giallastri da vecchi, grigio ardesia al tocco; gambo da biancastro a grigio cenere chiaro, con piccole squamature più scure in parte disposte longitudinalmente; carne bianca, al taglio dapprima rosso-violacea, poi da grigio-violetta a nerastra, relativamente compatta, odore e sapore poco pronunciato. Psp. brunastra. Fam. *Boletaceae*.

Habitat: nei boschi misti di latifoglie, prevalentemente sotto i carpini, sia in terreni acidi che calcarei; ubiquitario ma non comune.

Specie similari: le forme del *Leccinum scabrum* (pag. 181) hanno la carne che non vira. Il raro e commestibile *Leccinum duriusculum*, la cui carne vira al rossastro prima di annerire, ha una taglia maggiore e si accompagna a varie specie di pioppo. La sua parentela con il *Leccinum rufum* (pag. 184) è evidenziata dalla pellicola che deborda dall'orlo del cappello.

Commestibilità: commestibile, come il *Leccinum scabrum* (pag. 181).

G	F	M	A	M	G	L	A	S	O	N	D

Leccinum versipelle

Sinonimi: Leccinum testaceo-scabrum

Nomi volgari: Porcinello

Identi-Tris

1. Cappello da rosso-arancio a rosso mattone
2. Gambo con squamosità nere già da giovane
3. Crescita sotto betulla

Caratteristiche: cappello 5-20 cm, da rosso-arancio a rosso mattone, spesso molto pallido, pellicola asciutta, leggermente debordante dal cappello nel fungo giovane (tipica caratteristica dei Leccinum della sezione aurantiaci): tubuli da giovani nettamente grigiastri, poi color crema, bruno-giallastri al tocco; gambo bianco, subito ricoperto da fitte squamosità nerastre; carne biancastra, al taglio prima grigio-lilla, poi nerastra, alla base del gambo in un primo tempo blu-verdastra, odore e sapore gradevole. Psp. brunastra. Fam. *Boletaceae*.

Habitat: solo sotto le betulle, nelle brughiere; localmente comune.

Specie similari: si distinguono svariate specie di *Leccinum*, tipiche di diversi alberi. Il *Leccinum rufum* (vedi 184), che cresce sotto il pioppo, presenta delle squamosità dalla colorazione più sbiadita.

Commestibilità: commestibile; migliore del *Leccinum scabrum* per la carne più soda. La carne annerita schiarisce con la cottura.

G	F	M	A	M	G	L	A	S	O	N	D

Leccinum rufum

Sinonimi: Leccinum aurantiacum

Nomi volgari: Porcinello rosso

1

2

Identi-Tris

1. Cappello rosso-arancio vivo
2. Squamosità del gambo prima incolori, poi da rosso-brunastre a nerastre
3. Crescita sotto pioppo

Caratteristiche: cappello 8–15 cm, rosso-arancio vivo o bruno-arancio, pellicola asciutta, da opaca a sericea, da giovane leggermente debordante dall'orlo del cappello; tubuli da biancastri a color crema, presto tendenti all'ocra chiaro, da giovani mai con tonalità grigia; gambo biancastro, con piccole squamosità dapprima incolori, che diventano poi rosso-brunastre; carne bianca, che al taglio diventa prima rossastra, poi da grigio-lilla a nerastra. La base del gambo, sia all'interno che all'esterno, al tocco in un primo tempo vira al blu-verdastro, caratteristica che si evidenzia spesso già al momento della raccolta. Odore e sapore gradevole. Psp. brunastra. Fam. *Boletaceae.*

Habitat: sotto il pioppo (*Populus tremula*), lungo i margini di boschi e strade o in aree verdi, mai sotto alberi diversi da quello tipico di accompagnamento.

Specie similari: *Leccinum quercinum*, fungo di grossa taglia che cresce sotto le querce o i faggi, presenta un viraggio della carne analogo. Dei *Leccinum* che crescono sotto betulla *Leccinum rufum* è di certo il più frequente.

Commestibilità: commestibile buono e carnoso, con caratteristiche analoghe al *Leccinum versipelle.*

G	F	M	A	M	G	L	A	S	O	N	D

Leccinum lepidum

Nomi volgari: Porcino giallo - Leccino

1

2

Identi-Tris

1. Pori gialli
2. Carne giallastra annerente
3. Crescita sotto leccio e sughera

Caratteristiche: cappello 8-15 cm, colore variabile da giallo-ocra a bruno-nocciola fino a bruno scuro, cuticola leggermente rugosa, viscosa se il tempo è umido, feltrata e liscia se secco, da giovane leggermente debordante dall'orlo del cappello; tubuli gialli, imbrunenti a maturità; gambo da ventricolo a clavato spesso incurvato, giallo limone con squamosità concolori che diventano brunastre a maturità; carne bianca, giallastra presso la corteccia, vira lentamente dapprima al rosaceo poi al viola infine al nero. Odore e sapore gradevole. Psp. brunastra. Fam. *Boletaceae*.

Habitat: frequente nei boschi di latifoglia delle zone con clima mediterraneo; predilige il leccio e la quercia da sughero.

Specie similari: *Leccinum quercinum* può cresce nello stesso habitat ma non presenta pigmentazione gialla; altri due leccini possono avere colori gialli: *Leccinum crocipodium* con base attenuata e cuticola asciutta e subito screpolata e *Leccinum corsicum* più piccolo con base non radicante e tipico della macchia mediterranea (cresce sotto cisto).

Commestibilità: commestibile buono. Ricercato dai fungaioli più esigenti.

G	F	M	A	M	G	L	A	S	O	N	D

Boletinus cavipes

Identi-Tris

1. Cappello peloso, umbonato
2. Tubuli (pori) ampi e poligonali
3. Gambo nettamente cavo

Caratteristiche: cappello 4-10 cm, da giallo limone a giallo-olivastro (forma aurea) o da color cannella a ruggine, centro umbonato, pellicola asciutta, peloso-scagliosa; tubuli giallo zolfo, poi giallo-oliva, relativamente corti, decorrenti lungo il gambo, pori molto grossolani, ampi, quasi romboidali; gambo concolore al cappello, peloso, con zona anulare, cavo all'interno già da giovane e perciò estremamente fragile; carne biancastra, senza odore e sapore particolare. Psp. bruno-olivastra. Fam. *Boletaceae*.

Habitat: nei boschi di conifere, sotto i larici. Molto abbondante.

Specie similari: il cappello peloso e umbonato, il gambo cavo e la crescita sotto i larici ne fanno un fungo di facile riconoscibilità. Cresce volentieri in terreni calcarei assieme ad altri boleti tipici dei larici, come i *Suillus*, che presentano anch'essi gambi anulati, ma non cavi e cuticola del cappello glutinosa.

Commestibilità: commestibile mediocre per la carne tenace che può provocare un raschio in gola; da usarsi tutt'al più nel misto.

G	F	M	A	M	G	L	A	S	O	N	D

Gyroporus castaneus

Sinonimi: Boletus castaneus
Nomi volgari: Boleto castano

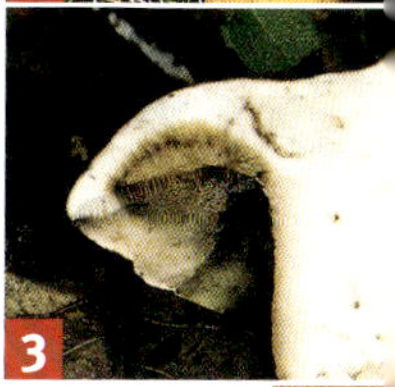

Identi-Tris

1 Boleto medio-grande, con cappello color bruno-cannella

2 Tubuli biancastri da maturi

3 Carne immutabile

Caratteristiche: cappello 3-8 cm, da color cannella a rosso-bruno scuro, con chiazze ocracee più chiare, cuticola asciutta, opaca; tubuli bianchi da giovani poi giallini; gambo concolore al cappello o leggermente più chiaro, liscio, all'interno presto spugnoso-cavernoso; carne biancastra, relativamente soda e fragile, senza odore e sapore particolare. Psp. giallino-chiara. Fam. *Boletaceae*.

Habitat: nei boschi di latifoglie e conifere, in particolare sotto le querce, in terreni sabbiosi; raro, compare solo in annate favorevoli.

Specie similari: *Gyroporus castaneus* e *cyanescens* sono gli unici due rappresentanti europei di questo genere di Boleti. La carne del *castaneus* però resta immutabile al taglio. I tubuli del comunissimo *Xerocomus badius* (pag. 178) al tocco di solito virano al blu-verde.

Commestibilità: buon fungo commestibile, dalla carne soda.

G	F	M	A	M	G	L	A	S	O	N	D

Chalciporus piperatus

Sinonimi: Boletus piperatus – Suillus piperatus

Identi-Tris

1. Boleto di piccola taglia, con pori ampi
2. Base del gambo giallo cromo all'interno ed esterno
3. Sapore pepato

Caratteristiche: cappello 1,5-5 cm, da giallo-bruno a fulvo-ocraceo o cannella chiaro, anche scolorante al giallo cromo, pellicola leggermente viscosa; tubuli aranciati da giovani, poi da bruno cannella a color ruggine, con pori relativamente ampi e irregolari; gambo giallo-cannella, con base giallo cromo; carne giallastra, alla base del gambo giallo cromo più intenso o color zafferano, odore insignificante, sapore molto pepato. Psp. brunastra. Fam. *Boletaceae*.

Habitat: nei boschi di conifere e misti, sotto i pini, i pecci o gli abeti bianchi; senza particolari esigenze in fatto di terreno; pur comune, appare però di solito in pochi esemplari o singolarmente.

Specie similari: la specie è ben caratterizzata dal sapore pepato e dal colore giallo cromo della base del gambo. Il genere *Chalciporus* raggruppa poche specie affini e rare. Il *Chalciporus amarellus* non ha un sapore pepato, bensì amarognolo. I suoi tubuli da maturi si tingono di rosso lampone.

Commestibilità: non commestibile; singoli esemplari possono sostituire il pepe. Il fungo essiccato perde il sapore piccante.

G	F	M	A	M	G	L	A	S	O	N	D

Suillus variegatus

Sinonimi: Boletus variegatus - Boletus aureus

Identi-Tris

1. Boleto giallo-ocraceo medio-grande delle pinete
2. Cappello vellutato-granuloso da giovane
3. Tubuli subito giallo-olivastri

Caratteristiche: cappello 4–10 cm, giallo citrino, giallo-olivastro od ocraceo-olivastro, superficie da vellutata a granulosa e asciutta, tendente a diventare più liscia con l'età, anche un po' viscida per la pioggia; tubuli tipicamente olivaceo-scuri nel fungo giovane, poi da ocraceo-olivastri a olivastro-rugginosi, relativamente corti in sezione vert.; gambo giallastro, con marmorizzazioni acquose; carne da giallastra a giallo zafferano, virante leggermente all'azzurro-verde all'aria, senza particolare odore e sapore. Psp. bruno-olivastra. Fam. *Boletaceae*.

Habitat: nei boschi di aghifoglie, prevalentemente sotto i pini, in terreno acido, più raramente calcareo. Molto comune, compare in massa.

Specie similari: il *Suillus bovinus* (commestibile pag. 190) ha un cappello più liscio e tubuli più chiari negli stadi maturi. Entrambe le specie hanno i medesimi luoghi di crescita, essendo tipiche degli stessi alberi.

Commestibilità: commestibile, anche se meno aromatico del porcino o del boleto baio; è comunque un fungo buono e redditizio nel misto, decisamente migliore del *Suillus bovinus*.

G	F	M	A	M	G	L	A	S	O	N	D

Suillus bovinus

Sinonimi: Boletus bovinus

1 Boleto fulvo-ocraceo, viscoso, medio-grande

2 Pori relativamente ampi e angolosi

3 Carne al taglio bianco-crema

Identi-Tris

Caratteristiche: cappello 3-8 cm, giallo cuoio, o da giallo-brunastro a fulvo-ocraceo, cuticola liscia e glabra, viscosa per l'umidità; tubuli color ocra, non più scuri del cappello e del gambo, da maturi tendenti a divenire irregolari, con pori angolosi, gradinati in profondità; gambo concolore al cappello, liscio; carne bianco-giallastra, tendente a chiazzarsi di rosso carnicino, molle-tenace, inodore e insapore. Psp. bruno-olivastra. Fam. *Boletaceae*.

Habitat: nei boschi di pino, prevalentemente in terreni acidi; assai comune, compare in massa; nelle annate favorevoli forma folti gruppi e circoli delle streghe. Viene spesso trovato vicino al *Gomphidius roseus* (pag. 83).

Specie similari: il cappello del *Suillus variegatus* (commestibile, pag 189) non è liscio e i suoi tubuli sono di color olivastro più scuro. Il *Suillus granulatus* (commestibile, pag. 193) ama i terreni calcarei e presenta tubuli più chiari e minuti, che da giovani secernono goccioline acquose.

Commestibilità: commestibile; non è però molto invitante per via della carne tenace e gommosa con l'età e la mancanza di aroma. Si possono usare i cappelli giovani nel misto.

G	F	M	A	M	G	L	A	S	O	N	D

Suillus luteus

Sinonimi: Boletus annulatus

Nomi volgari: Pinuzzo - Pinarello - Fungo del burro

1

Identi-Tris

1 Boleto dal cappello bruno, viscoso

2 Gambo con anello membranoso

3 Tipico del pino

2

Caratteristiche: cappello 4-12 cm, in genere bruno scuro, più raramente bruno mattone o giallo-brunastro, spesso umbonato, pellicola viscosa, ben separabile, brillante quando è secco; tubuli da giallo citrino vivo a giallo uovo; gambo biancastro, asciutto, con resti dell'anello biancastro-violetti, spesso con granulazioni scure sopra lo stesso. I cappelli giovani sono completamente racchiusi da una membrana (velo) che si stacca dal cappello quando questo si apre, restando attaccata al gambo sotto forma di anello. Carne giallo-biancastra, presto molle, odore e sapore poco pronunciato. Psp. bruno-olivastra. Fam. *Boletaceae.*

Habitat: nei boschi di pino; compare spesso in massa in terreno sabbioso, ma anche su suoli calcarei; localmente comune.

Specie similari: un parente con anello, tipico del larice, è il *Suillus grevillei* (pag. 192), che presenta un colore del cappello più tendente al giallo. Il *Suillus granulatus* (pag. 193) si differenzia per il gambo senza anello. Sono entrambi commestibili.

Commestibilità: buon commestibile, da cui è meglio togliere la pellicola prima della cottura. In rari casi è stata riscontrata un'intolleranza individuale a questo fungo.

G	F	M	A	M	G	L	A	S	O	N	D

Suillus grevillei

Sinonimi: Boletus elegans - Boletus pulchellus

Nomi volgari: Boleto elegante

Identi-Tris

1. Boleto viscoso, con cappello da giallo a giallo-fulvo-bruno
2. Gambo con zona anulare stretta e glutinosa
3. Tipico del larice

Caratteristiche: cappello 4-10 cm, giallo citrino, giallo dorato o fulvo, inizialmente umbonato, cuticola viscosa; tubuli da giallo citrini a giallo uovo, tendenti a scurire; gambo giallo-brunastro, bruno scuro verso la base, con stretta zona anulare giallastra che può presentarsi un po' glutinosa; carne giallastra, presto molle, odore e sapore insignificanti. Psp. giallo-brunastra. Fam. *Boletaceae*.

Habitat: sotto i larici, in ogni tipo di bosco dove cresce questa conifera; non ha particolari esigenze in fatto di terreno; molto comune.

Specie similari: in Europa non vi sono *Suillus* (boleti con cappello viscido) e gambo anulato che si possano confondere con altri funghi velenosi. Il *Suillus luteus* (pag. 191), dal cappello più scuro, è tipico dei boschi di pino. In terreno calcareo, soprattutto nelle zone montane, crescono altri *Suillus* con gambo anulato tipici del larice: il *Suillus tridentinus*, dai bei colori da rosso-aranciati a bruno-mattone e il *Suillus viscidus*, dalla colorazione grigio-brunastra.

Commestibilità: commestibile, buono nel misto. Da solo è poco aromatico.

G	F	M	A	M	G	L	A	S	O	N	D

Suillus granulatus

Sinonimi: Boletus granulatus - Boletus circinatus
Nomi volgari: Boleto granuloso - Pinuzzo - Pinarello

1

2

Identi-Tris

1 Boleto da bruno-giallastro a bruno-mattone, viscoso

2 Tubuli e parte alta del gambo che secernono gocce da giovani

3 Gambo senza anello

Caratteristiche: cappello 4-10 cm, giallo-ocra, da bruno-carnicino a bruno-mattone, cuticola viscosa, semiopaca da secca; tubuli dapprima giallo cromo, poi con sfumatura olivastra, che da giovani secernono goccioline lattiginose; gambo da bianco a giallastro, anch'esso imperlato di goccioline in alto, come i tubuli. Le gocce si tingono di bruno per le spore emesse dall'imenio, che seccandosi fanno apparire il gambo punteggiato da fini granulazioni (nome); ciò però non succede con qualsiasi tempo. Carne bianco-giallastra, presto molle, senza sapore e odore particolare. Psp. bruno-olivastra. Fam. *Boletaceae*.

Habitat: nei boschi di conifere, sotto i pini; ama i terreni calcarei e quindi non ovunque diffuso; localmente comune.

Specie similari: *Suillus luteus* (commestibile, pag. 191) di solito ha il cappello più scuro e il gambo anulato. *Suillus placidus* e *Suillus plorans*, che presenta tonalità più olivastre, sono due rari parenti dal gambo nettamente punteggiato da goccioline. Entrambi commestibili, sono però tipici del pino cembro.

Commestibilità: commestibile, buono se non troppo vecchio.

G	F	M	A	M	G	L	A	S	O	N	D

Suillus collinitus

Sinonimi: Boletus collinitus - Suillus fluryi

Nomi volgari: Pinerolo

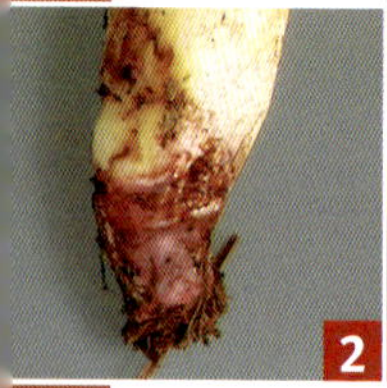

2

1

Identi-Tris

1. Boleto da bruno-giallastro a bruno-mattone, viscoso
2. Base del gambo rosa
3. Gambo senza anello con granuli brunastri

3

Caratteristiche: cappello 4-12 cm, da bruno-ocra, a color nocciola fino a quasi bruno scuro, cuticola un po' debordante dal margine del cappello, viscosa in caso di umidità, secca e lucente con il tempo secco; tubuli adnato decorrenti, gialli, giallo oro a maturità con una componente bruno-olivastra; gambo da bianco a giallastro, ricoperto da granulazioni più o meno fini di colore giallo sporco o bruno chiaro, base con residui miceliari rosa; carne bianco-giallastra, giallo cromo nei pressi dei tubuli, presto molle, senza sapore e odore particolare. Psp. bruno-olivastra. Fam. *Boletaceae*.

Habitat: nei boschi di conifere, sotto i pini; frequente nelle pinete litoranee.

Specie similari: nel medesimo ambiente crescono altri due suilli, *Suillus bellinii* e *Suillus mediterranensis*, il primo più robusto e con colori più pallidi il secondo con la carne molto più gialla.

Commestibilità: commestibile, buono se non troppo vecchio. Si ricorda che alcuni *Suillus* possono avere una leggera tossicità causata da una intolleranza alimentare soggettiva.

G	F	M	A	M	G	L	A	S	O	N	D

Strobilomyces strobilaceus

Sinonimi: Strobilomyces floccopus - Boletus squarrosus

Identi-Tris

1. Boleto bruno-nerastro, coperto di grosse squame
2. Tubuli grigio cenere da giovani, grossolani
3. Carne dapprima arrossante, tendente poi ad annerire

Caratteristiche: cappello 5-10 cm, bruno-nerastro, asciutto, con grosse squame simili a tegole che si sfrangiano oltre il margine; tubuli dapprima grigio cenere, poi nerastri, pori tondi, grossi; gambo bruno-nerastro, lanuginoso; carne biancastra nel cappello, arrossante all'aria, nella parte bassa del gambo subito nerastra. La carne degli esemplari più vecchi, per il colore e la durezza, ricorda il carbone di legna; odore e sapore poco gradevole da cruda. Psp. bruno scura. Fam. *Boletaceae*.

Habitat: nei boschi di latifoglie e conifere, sotto faggio, abete rosso o bianco; in terreni sia neutri che acidi, ma non sabbiosi; localmente non raro.

Specie similari: l'aspetto particolare rende questo fungo inconfondibile. *Porphyrellus porphyrosporus*, boleto non commestibile, presenta un'analoga colorazione scura, ma ha cappello e gambo non squamati o lanuginosi.

Commestibilità: da evitare per il sapore poco invitante. Qualche Autore considera il fungo mangereccio.

G	F	M	A	M	G	L	A	S	O	N	D

Albatrellus ovinus

Sinonimi: Polyporus ovinus - Scutiger ovinus

Nomi volgari: Poliporo ovino - Fungo del pane

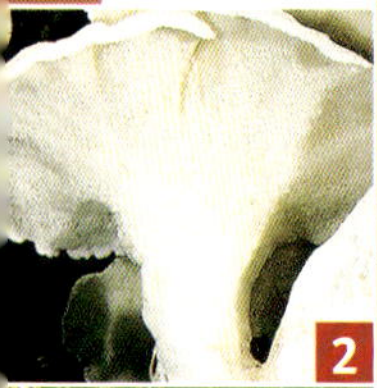

Identi-Tris

1 Poliporo terricolo biancastro

2 Tubuli minuti, decorrenti

3 Carne giallo limone al tocco

Caratteristiche: cappello 4-10 cm, bianco, tendente a ingiallire e infine brunastro, pellicola asciutta, opaca, screpolantesi in areole con l'età; tubuli bianchi, giallini al tocco, pori minuti, decorrenti lungo il gambo. Lo strato di tubuli, assai corti, è meno spesso della carne del cappello. Gambo bianco, spesso corto, eccentrico; carne bianca, fragile, odore e sapore gradevolmente fungino. Psp. bianca. Fam. *Albatrellaceae.*

Habitat: nei boschi di conifere e misti, sotto peccio e pino; gregario, soprattutto su suolo calcareo; tra la mezza e l'alta montagna; localmente diffuso.

Specie similari: l'*Albatrellus subrubescens,* dalla carne arrossante all'aria, si presenta praticamente identico. Le sue spore però diventano violette a contatto con reagenti chimici allo iodio, al contrario di quelle dell'*Albatrellus ovinus. Albatrellus confluens* ha cappelli color rosso-giallastri più o meno scuri e la carne dal sapore solitamente amarognolo.

Commestibilità: commestibile buono e carnoso.

G	F	M	A	M	G	L	A	S	O	N	D

Polyporus squamosus

Sinonimi: Polyporus pallidus - Melanopus squamosus

Nomi volgari: Poliporo squamoso

Identi-Tris

1. Poliporo lignicolo di grossa taglia con squame scure
2. Pori ampi, angolosi
3. Odore di cetriolo

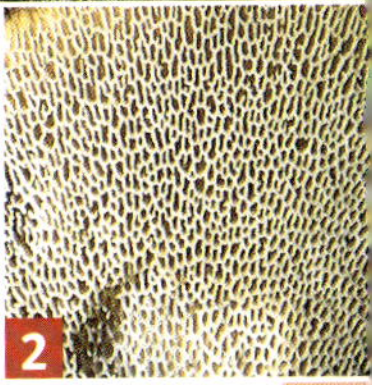

Caratteristiche: cappello 10–40 cm, paglierino, da giallo-ocra a bruno-ocra, con squame concentriche bruno-scure; tubuli da bianco-crema a paglierini, pori molto ampi e angolosi, decorrenti; gambo pallido, spesso nerastro nella parte inferiore, in genere corto, compatto, centrale o eccentrico a seconda del luogo di crescita; carne biancastra, elastica, con odore e sapore di cetriolo o farina rancida. Psp. bianca. Fam. *Polyporaceae*.

Habitat: sui tronchi di latifoglie vive o morte, più raramente su conifere; parassita su alberi di parchi e viali; annuale, provoca il marciume secco; comune.

Specie similari: è uno dei polipori più appariscenti e diffusi, molto difficile da confondere con altri. Il *Poliporus tuberaster* ha un cappello che non supera i 10 cm e inoltre è inodore. Non è ubiquitario e cresce su rami morti di latifoglia.

Commestibilità: commestibile, da consumare solo da giovane perché la carne diventa presto tenace. Si consiglia di bollire preventivamente il fungo, eliminandone i gambi. La carne del cappello tagliata a fette sottili ha un buon sapore.

G	F	M	A	M	G	L	A	S	O	N	D

Meripilus giganteus

Sinonimi: Polyporus giganteus

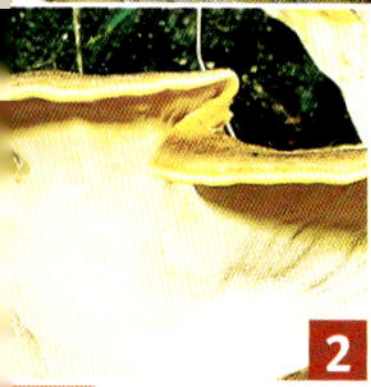

Identi-Tris

1. Poliporo gigante bruno-ocraceo, a cappelli sovrapposti
2. Tubuli crema, con pori minuti
3. Habitat su legno, vicino al suolo

Caratteristiche: cappello 10–40 cm, quasi sempre agglomerato a rosetta con altri cappelli sovrapposti, a formare un carpoforo che può raggiungere il diametro di un metro, fuoriuscente dal substrato senza gambo, lato superiore da bruno-ocraceo a bruno scuro, a tinta unita o zonato, con margine di accrescimento giallastro; tubuli da biancastri a crema, talvolta annerenti al tocco, pori minuti, arrotondati; carne biancastra, all'inizio molto succosa, poi coriaceo-elastica, odore fungino e sapore acidulo. Psp. bianca. Fam. *Meripilaceae.*

Habitat: sulle radici o nella parte bassa dei tronchi di latifoglie viventi, anche su ceppi; predilige il faggio, la quercia, il pioppo o l'ippocastano, di cui è parassita; annuale, provoca marciume secco; comune.

Specie similari: *Grifola frondosa* è simile nell'aspetto, ma ha cappelli più piccoli e si insedia sui tronchi di quercia. La *Bondarzewia mesenterica* è un tipico parassita dei vecchi esemplari di abete bianco. Sono entrambe rare.

Commestibilità: usufruibile da giovane; le fasce più tenere vicine al bordo di accrescimento si possono arrostire dopo averle sbollentate. I cappelli più grandi sono coriacei e quindi immangiabili.

G	F	M	A	M	G	L	A	S	O	N	D

Laetiporus sulphureus

nimi: Polyporus sulphureus – Polyporus caudicinus – Cladomeris sulphurea

Nomi volgari: Poliporo sulfureo

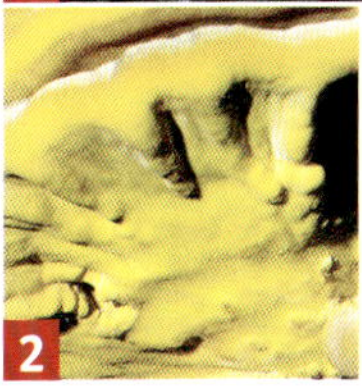

Identi-Tris

1. Poliporo giallo-arancio vivo
2. Tubuli giallo zolfo, pori minuti
3. Da giovane molle e succoso

Caratteristiche: cappello 10–40 cm, sessile, a forma di lingua o ventaglio, spesso accompagnato da altri cappelli agglomerati o sovrapposti, lato superiore nettamente e uniformemente da giallo zolfo a giallo-arancio, margine di accrescimento giallo chiaro; tubuli giallo citrino, con pori minuti; carne bianco-giallastra, a zone anche color arancio, da giovane molto molle e succosa. Odore e sapore insignificanti. I corpi fruttiferi vecchi scolorano notevolmente e assumono una consistenza che ricorda quella del formaggio friabile. Nel corso dell'anno cadono da soli dal substrato. Psp. bianca. Fam. *Polyporaceae*.

Habitat: su alberi di latifoglia e aghifoglia vivi; parassita che si sviluppa sugli alberi di parchi e viali (robinie, querce, faggi, pioppi ecc.); annuale, provoca il marciume bruno; comune.

Specie similari: i colori vivaci rendono il fungo pressoché inconfondibile. *Hapalopilus rutilans* ha cappelli più piccoli e dal colore più spento.

Commestibilità: commestibile da giovane; i cappelli si possono cuocere impanati come bistecche dopo averli sbollentati. Hanno un ottimo sapore.

G	F	M	A	M	G	L	A	S	O	N	D

Phaeolus spadiceus

Sinonimi: Phaeolus schweinitzii

1 Poliporo giallo-bruno al piede delle conifere

2 Tubuli (pori) olivastri, da oblunghi a labirintiformi

3 Funghi giovani giallo-oliva, molto sensibili al tocco

Identi-Tris

Caratteristiche: cappello 10–30 cm, a seconda del luogo di crescita sessile o con corto gambo centrale, dapprima giallo-oliva, poi color ruggine scuro, bordi esterni color giallo-fulvo, lato superiore irsuto-tomentoso. I corpi fruttiferi giovani spesso non hanno una forma definita, sono di consistenza molle e secernono gocce ambrate. Al tocco diventano immediatamente bruno scuri. Tubuli da giallo-oliva a verdastri, pori da arrotondati a oblunghi o labirintiformi; carne dapprima color giallo-ruggine e molle, poi bruno-ruggine, suberosa. Odore e sapore poco pronunciati. Psp. giallastra. Fam. *Polyporaceae.*

Habitat: su ceppaie di conifera (raramente di latifoglia), anche su tronchi morti giacenti sul terreno o su detriti legnosi di incendi boschivi; su pini, pecci e larici; annuale, provoca il marciume bruno; sporadico.

Specie similari: con un po' di esperienza il fungo è facilmente riconoscibile; tuttavia subisce notevoli modificazioni nei vari stadi di sviluppo. I corpi fruttiferi vecchi e secchi sono sorprendentemente leggeri.

Nota: il fungo non è commestibile in nessuno stadio di crescita.

G	F	M	A	M	G	L	A	S	O	N	D

Piptoporus betulinus

Sinonimi: Polyporus betulinus – Ungulina betulina

1

Identi-Tris

1 Poliporo a cappello liscio, senza gambo, solo su betulla

2 Tubuli biancastri, pori minuti

3 Carne tutta biancastra, coriaceo-elastica

2

Caratteristiche: cappello 10–30 cm, in genere piatto e a forma di mensola, con attaccatura al legno rastremata, lato superiore da bianco-grigiastro a brunastro, liscio e a margine arrotondato; tubuli biancastri, pori minuti e arrotondati. Lo strato di tubuli, piuttosto grosso, è facilmente separabile dalla carne del cappello. Carne biancastra, spessa, coriaceo-elastica, senza struttura riconoscibile, odore e sapore debolmente fungino. Psp. bianca. Fam. *Polyporaceae*.

Habitat: solo sulle betulle, sui tronchi vivi o caduti; pericoloso parassita che provoca il marciume bruno nel legno dell'albero attaccato, provocandone in pochi anni lo schianto. Carpofori annuali; comune.

Specie similari: il raro *Buglossoporus pulvinus* è un parassita simile, tipico delle querce. La carne del fungo maturo ha un sapore amaro.

Nota: certa letteratura micologica considera il *Piptoporus betulinus* "commestibile da giovane". Ciò può tutt'al più valere per i primissimi stadi di sviluppo in cui il corpo fruttifero ha forma globosa ancor priva di tubuli. Ma anche in tal caso la carne a volte è già troppo coriacea.

G	F	M	A	M	G	L	A	S	O	N	D

Fomes fomentarius

Sinonimi: Polyporus fomentarius

Nomi volgari: Fungo esca

Identi-Tris

1. Poliporo sessile a carpoforo perenne
2. Polvere sporica bianca attorno al fungo
3. Nucleo miceliare interno (foto: carpoforo sezionato)

Caratteristiche: cappello 10-30 cm, a forma di zoccolo o di spesse mensole, lato superiore da grigio chiaro a bruno chiaro, uniforme o a stretti solchi concentrici (zonature), parti vecchie verdastre per insediamento di alghe, parti recenti di accrescimento bianche; tubuli bianchi quando maturano le spore (maggio), poi color grigio-bianco-sporco, pori minuti, arrotondati; carne interamente bruno-fulva, legnosa, dura, nel cappello simile alla pelle di camoscio con sottile crosta esterna cornea. Nel punto d'inserimento nel substrato di legno si trova una zona pervasa da ife miceliari chiare, il cosiddetto nucleo miceliare. I tubuli in sezione mostrano una stratificazione annuale. Psp. bianca. Fam. *Coriolaceae*.

Habitat: su tronchi vivi o morti di latifoglie, soprattutto faggi o betulle; parassita pluriennale, provoca marciume secco; regionalmente comune.

Specie similari: il *Ganoderma applanatum* (pag. 204) e i *Phellinus* sono privi di nucleo miceliare.

Nota: un tempo il fungo veniva immerso in una soluzione di salnitro e usato come esca per il fuoco (da cui il nome).

☐

G	F	M	A	M	G	L	A	S	O	N	D

Fomitopsis pinicola

Sinonimi: Polyporus marginatus - Ungulina marginata - Fomes ungulata

Identi-Tris

1 Grosso poliporo perenne tipico delle conifere

2 Esemplari vecchi con orlo rossiccio

3 Carne al taglio color legno chiaro

Caratteristiche: cappello 10-30 cm, a forma di grosse mensole arcuate, secernenti gocce da giovane, esemplari più vecchi con orlo tipicamente bruno-rossastro e parte interna grigiastra, individui giovani con colorazione uniforme da rosso-arancio a rosso-brunastro, orlo di accrescimento biancastro. La crosta superficiale si scioglie al calore di un fiammifero. Tubuli giallo-biancastri, giallastri d'inverno, a stratificazione annuale, pori arrotondati, relativamente piccoli; carne color legno chiaro, con consistenza da legnosa a coriaceo-elastica. Psp. bianca. Fam. *Fomitopsidaceae*.

Habitat: sui tronchi di conifera, più raramente di latifoglia, in particolare sul peccio e sull'abete bianco, in ambiente urbano non disdegna la betulla; parassita perenne, provoca il marciume bruno; localmente comune.

Specie similari: questo poliporo di grossa taglia si distingue da altri simili per l'orlo rossiccio. Gli esemplari di un anno in caso dubbio si riconoscono per la crosta che si liquefa al calore. La *Perenniporia fraxinea* è una sua rara parente tipica delle latifoglie.

Nota: non commestibile per la consistenza legnosa.

G	F	M	A	M	G	L	A	S	O	N	D

Ganoderma applanatum

Sinonimi: Ganoderma lipsiense

Identi-Tris

1. Poliporo perenne con carpofori a forma di mensola
2. Polvere sporale che si deposita attorno al fungo, bruno-fulva
3. Parte inferiore (imenio) con escrescenze (galle) cilindriche

Caratteristiche: cappello 10–40 cm, relativamente piatto, a forma di mensola o di ventaglio, da color cannella a bruno-fulvo, margine esterno bianco, superficie rivestita da una sottile crosta laccata opaca; tubuli bianchi, finissimi e con stratificazioni annuali nettamente separate tra loro, che diventano brunastri allo sfregamento, pori minuti, arrotondati; carne color ruggine, consistenza legnosa. Psp. bruno-fulva. Fam. *Ganodermataceae.*

Habitat: di solito su latifoglie d'ogni genere, nella parte inferiore del tronco, su ceppi o alberi morti giacenti sul terreno; parassita perenne, provoca marciume bianco; molto comune.

Specie similari: *Ganoderma adspersum* è un suo parente dall'aspetto esteriore molto simile. Il noto *Fomes fomentarius* (pag. 202) ha la polvere sporica bianca.

Nota: non commestibile per la consistenza legnosa. Durante le ripetute sporulazioni annuali attorno al fungo si deposita un sottile, visibilissimo strato di polvere sporica brunastra. Nell'imenio è facile riscontrare la presenza di galle cilindriche, provocate dalla presenza di insetti parassiti, tipiche di questa specie fungina.

G	F	M	A	M	G	L	A	S	O	N	D

Fistulina hepatica

Nomi volgari: Lingua di bue

1

2

3

Identi-Tris

1. Fungo lignicolo rossastro simile a un poliporo
2. Lato inferiore rivestito di tubuli fitti e liberi (lente!)
3. Carne rossastra, con venature chiare (sezione)

Caratteristiche: cappello 8-20 cm, a forma di larga lingua, più stretta nell'attaccatura al substrato, o con corto gambo, da rosa-ocraceo a rosso sangue o rosso fegato (nome), superficie ruvido-papillata, spesso secernente gocce rosso sangue; lato inferiore da biancastro a giallo-crema, formato da tubuli fitti ma non aggregati (liberi); carne rossastra, con venature chiare (come la carne cruda), tenera e succosa, odore leggermente fruttato, sapore acidulo. Psp. bruno chiara. Fam. *Fistulinaceae*.

Habitat: sui vecchi tronchi e ceppi di latifoglia (querce, castagni ecc.); parassita annuale, provoca marciume bruno. Frequente su vecchie ceppaie di castagno.

Specie similari: date le sue caratteristiche morfologiche, il fungo è inconfondibile. In particolare la carne rossa e succosa e i tubuli liberi, al cui interno si formano le spore, sono unici nel regno dei funghi.

Commestibilità: commestibile da giovane; conviene sbollentarlo prima della preparazione finale per eliminare l'acido tannico che contiene. Si può cuocere come una cotoletta o conservare sott'aceto.

G	F	M	A	M	G	L	A	S	O	N	D

Cantharellus cibarius

Nomi volgari: Gallinaccio - Finferlo

Identi-Tris

1 Cantarello color giallo vivo

2 Lamelle (pliciformi) forcate e anastomosate

3 Odore fruttato e sapore pepato

Caratteristiche: cappello 2-6 cm, giallo limone, o da giallo uovo a giallo oro, in certe varietà anche biancastro o con sfumature violette, depresso al centro, margine involuto, da sinuoso a lobato, pellicola asciutta; lato inferiore con lamelle (pieghe) gialle, grosse, forcate, molto decorrenti; gambo concolore al cappello, slanciato, attenuato in basso, carnoso; carne bianca all'interno, gialla nello strato esterno, odore fruttato che ricorda la susina, sapore (dopo masticazione prolungata) pepato. Psp. giallastra. Fam. *Cantharellaceae.*

Habitat: nei boschi di latifoglie e conifere, sotto i pecci, i pini, i faggi o le querce; fungo estivo; molto diffuso in certe zone, in altre si è fatto raro.

Specie similari: l'*Hygrophoropsis aurantiaca* (pag. 85), non commestibile, non ha né odore né sapore. Di solito compare tardi e non è per nulla imparentata con il gallinaccio.

Commestibilità: uno dei funghi commestibili più apprezzati, dal sapore tipico, diverso da quello delle altre specie mangerecce. Gli esemplari seccati non riacquistano la morbidezza se messi a bagno e quelli congelati talvolta assumono un sapore amarognolo.

G	F	M	A	M	G	L	A	S	O	N	D

Cantharellus tubaeformis

Sinonimi: Cantharellus infundibuliformis - Craterellus tubaeformis

Nomi volgari: Cantarello a tromba - Finferla

Identi-Tris

1. Cantarello dalla carne sottile, con cappello brunastro
2. Pseudolamelle spesse, distanti
3. Gambo cavo

Caratteristiche: cappello 2-6 cm, da giallo-bruno a grigio-brunastro, sottile, centro imbutiforme, più o meno depresso, spesso forato verso il gambo, pellicola asciutta; lato inferiore con pseudolamelle giallo-grigiastre, pronunciate, distanti; gambo giallo-brunastro o giallo cromo, cavo; carne giallastra, da un po' tenace a cartilaginosa, odore lieve di terra, sapore dolce. Psp. giallina. Fam. *Cantharellaceae.*

Habitat: nei boschi di latifoglie e conifere, in zone muschiose, senza particolari esigenze in fatto di terreno; da gregario a cespitoso; localmente comune.

Specie similari: il *Cantharellus lutescens* (commestibile, pag. 208) ha lamelle pliciformi appena accennate, un gambo sempre giallo e un pronunciato odore di fiori. Il *Craterellus cornucopioides* (commestibile, pag. 210) ha la superficie imeniale senza pieghe, è completamente cavo e presenta una colorazione nerastra in tutto il carpoforo.

Commestibilità: commestibile, ma senza particolare aroma e quindi di poco pregio.

G	F	M	A	M	G	L	A	S	O	N	D

Cantharellus lutescens

Sinonimi: Cantharellus aurora
Nomi volgari: Cantarello giallo - Finferla

1

2

Identi-Tris

1. Cantarello a cappello brunastro e gambo giallo-arancio
2. Imenio con venature appena accennate
3. Intenso aroma floreale-fruttato

Caratteristiche: cappello 2-6 cm, giallo-bruno più o meno scuro, margine involuto, lobato e frastagliato, centro ombelicato, spesso forato verso il gambo cavo, pellicola asciutta, finemente fibrillosa-scagliosa; imenio da color crema a rosa carnicino, con venature o pieghe appena accennate; gambo da giallo oro a giallo-arancio vivo, nettamente cavo, spesso schiacciato longitudinalmente; carne giallastra, fragile. Intenso aroma dolciastro, floreale-fruttato, sapore dolce. Psp. color crema. Fam. *Cantharellaceae*.

Habitat: nei boschi di montagna, sotto le conifere (peccio, abete bianco); ama i terreni calcarei umidi; in certe zone non raro.

Specie similari: la varietà a gambo giallo del *Cantharellus tubaeformis* (commestibile, pag. 207) ha un debole odore di terra e le pseudolamelle molto pronunciate.

Commestibilità: buon fungo commestibile, anche se di scarsa consistenza carnosa.

G	F	M	A	M	G	L	A	S	O	N	D

Cantharellus cinereus

Sinonimi: Pseudocraterellus cinereus – Merulius cinereus

Identi-Tris

1. Cantarello minuto di colore bruno-cenere
2. Imenio con pseudolamelle grigio cenere
3. Gambo brunastro, senza tonalità gialle

Caratteristiche: cappello 1–6 cm, da bruno-cinereo a nerastro, imbutiforme, poi spesso forato verso il gambo cavo, pellicola sericeo-squamosa, asciutta; imenio grigio-cenere, con pseudolamelle forcate, spaziate, decorrenti; gambo bruno scuro, mai con tonalità gialle, nettamente cavo; carne grigio-brunastra, fragile, odore intenso di frutta, caramelloso, sapore gradevole. Psp. giallo chiara. Fam. *Cantharellaceae.*

Habitat: nei boschi di latifoglia e misti, in particolare sotto il faggio; su terreni calcarei e argillosi, spesso accompagnato dalla »Trombetta da morto«; da gregario a cespitoso; piuttosto raro.

Specie similari: *Faerberia carbonaria* (non commestibile) cresce nei terreni bruciati. Nel *Pseudocraterellus sinuosus* l'imenio presenta solo delle venature e il gambo non è cavo. Il *Craterellus cornucopioides* (trombetta da morto, pag. 210), completamente cavo, è assai più diffuso e ha l'imenio liscio, privo di lamelle o venature. Il fungo è molto apprezzato per l'aroma.

Commestibilità: commestibile; non particolarmente aromatico.

G	F	M	A	M	G	L	A	S	O	N	D

Craterellus cornucopioides

Sinonimi: Cantarellus cornucopioides
Nomi volgari: Corno dell'abbondanza - Trombetta da morto

2

1

Identi-Tris

1 Cantarello color fuliggine, dalla carne esile

2 Carpoforo cavo all'interno, aperto a tromba verso l'alto

3 Lato esterno grigio, appena increspato

3

Caratteristiche: carpoforo largo 2-6 cm, alto sino a 10 cm, a forma di trombetta o corno dell'abbondanza, carne molto sottile, completamente cavo all'interno, margini superiori ondulati e ripiegati a mo' di falda di cappello, da grigio fuliggine a bruno-nerastri, con superficie da liscia a finemente squamata; superficie imeniale grigio cenere, appena marcata da rugosità, che verso il basso sfocia spesso in un corto gambo nerastro marginato; carne da grigio-nerastra a color legno sbiadito, relativamente elastica, odore e sapore non molto pronunciato. Psp. bianca. Fam. *Cantharellaceae.*

Habitat: nei boschi di latifoglie e misti, prevalentemente sotto il faggio e le querce; in terreni argillosi e calcarei; da gregario a cespitoso, di solito ben mimetizzato.

Specie similari: il *Cantharellus cinereus* (commestibile, pag. 209) nel lato inferiore del cappello presenta un imenio con pseudolamelle grigio cenere ben marcate.

Commestibilità: buon fungo aromatico, che sviluppa tutto il profumo solo al momento della cottura. Si presta bene ad essere essiccato per la carne molto sottile; ridotto in polvere è un ottimo condimento per minestre e sughi.

G	F	M	A	M	G	L	A	S	O	N	D

Gomphus clavatus

Sinonimi: Cantharellus clavatus - Nevrophyllum clavatum
Nomi volgari: Carne degli inglesi - Cantarello violetto - Fungo della carne

1

2

Identi-Tris

1. Fungo carnoso, a forma di trottola o clava
2. Superficie imeniale lilacea, con fini rugosità
3. Carne tenera

Caratteristiche: carpoforo 5-10 cm, a forma di trottola o clava, spesso con intagli laterali, presto con margini lobati a spigolo vivo, carnoso, sommità prima lilacina ma presto sbiadente all'ocra, nuda e asciutta; superficie imeniale immutabilmente da lilacina a violetta, con sottili venature o rugosità; carne giallo-ocracea, con marmorizzazioni acquose, bianca da secca, consistenza molle-elastica, non coriacea, odore e sapore gradevolmente fungino. Psp. ocra intenso. Fam. *Gomphaceae.*

Habitat: nel boschi di latifoglie e conifere, sotti il peccio o il faggio, su suolo calcareo; molto comune nelle zone di crescita.

Specie similari: questo grosso fungo carnoso è inconfondibile. È imparentato con le *Ramaria*, ma per la sua forma assomiglia anche alle *Clavariaceae*, in particolare al *Clavariadelphus truncatus* (pag. 218).

Commestibilità: commestibile di ottima qualità, molto carnoso, dal sapore che ricorda il gallinaccio. Ha però una carne più morbida e risulta quindi più digeribile.

G	F	M	A	M	G	L	A	S	O	N	D

Sarcodon imbricatus

Sinonimi: Hydnum imbricatum
Nomi volgari: Steccherino bruno

Identi-Tris

1. Grande fungo ad aculei (idno) ricoperto di placche scagliose
2. Aculei fitti, grigio-bruni
3. Sapore mite

Caratteristiche: cappello 5-15 cm, da grigio-bruno a color ruggine anche con chiazze bruno-nerastre, superficie ricoperta di gross placche scagliose sporgenti ("embricata", da cui il nome), pellicol asciutta, opaca; lato inferiore (imenio) con aculei di colore più chiaro fitti, decorrenti; gambo grigio-brunastro, corto e compatto; carne d biancastra a color seppia chiaro, non decisamente più scura nell parte inferiore del gambo, compatta e asciutta, odore e sapore grade volmente aromatico. Psp. bruna. Fam. *Bankeraceae.*

Habitat: nei boschi di aghifoglie e misti, sotto i pecci o i pini, su suol sabbiosi e calcarei; localmente assai comune.

Specie similari: il più piccolo *Sarcodon scabrosus*, non commestibil perché troppo amaro, cresce di preferenza nei boschi di latifoglia. L base del suo gambo è di color verde-nerastro. Il raro e non commesti bile *Sarcodon leucopus* presenta un cappello liscio.

Commestibilità: commestibile da giovane; è un buon fungo aromatico; s cotto troppo poco può dar luogo a disturbi digestivi, per cui è megli sbollentarlo prima della preparazione finale. Gli esemplari vecch possono avere un sapore amarognolo.

G	F	M	A	M	G	L	A	S	O	N	D

Hydnum repandum

Nomi volgari: Steccherino dorato

Identi-Tris

1. Idno compatto, dal cappello chiaro
2. Aculei fitti, chiari
3. Sapore prima dolce, poi amaro

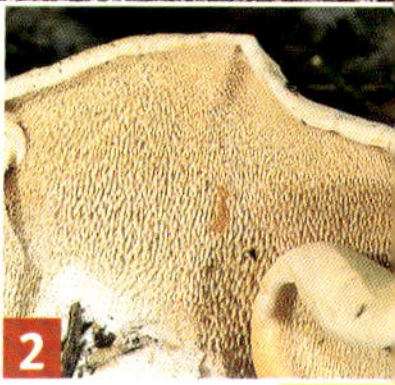

Caratteristiche: cappello 4-12 cm, giallo-camoscio chiaro o color pane, più raramente biancastro, carnoso, convesso-gibboso, margine irregolare, pellicola opaca, asciutta; aculei prima biancastri poi concolori al cappello, fitti, fragili, più o meno decorrenti; gambo biancastro, compatto e corto; carne biancastra, friabile, che diventa leggermente gialla alla frattura, odore insignificante, sapore dapprima dolce, che ricorda i fiocchi d'avena, dopo masticazione prolungata acre-amarognolo. Psp. bianco-crema. Fam. *Hydnaceae*.

Habitat: nei boschi di latifoglie e conifere, soprattutto in terreni calcarei; forma grandi gruppi; localmente assai comune.

Specie similari: la più esile varietà *rufescens* si distingue per i cappelli di color giallo-arancio. In un primo momento viene spesso scambiato per un gallinaccio. Gli esemplari più chiari potrebbero venire scambiati con il raro *Hydnum albidum*. Tutte le specie citate sono commestibili.

Commestibilità: commestibile discreto, che per la buona conservabilità si trova spesso al mercato. Gli esemplari troppo vecchi possono avere un sapore amarognolo.

G	F	M	A	M	G	L	A	S	O	N	D

Hydnellum peckii

Identi-Tris

1. Idno coriaceo, dalla carne bruno-rossastra
2. Cappelli giovani con gocce rosso sangue
3. Sapore pepato amaro

Caratteristiche: cappello 3-6 cm, completamente bianco da giovane trasudante goccioline rosso sangue, poi rosso-brunastro a partire dal centro, infine completamente bruno scuro, circolare, superficie gibbosa, irregolare, fibrillosa; aculei bianco-grigiastri, arrossanti a tocco, poi bruno scuro, fitti, decorrenti lungo il gambo corto e bru nastro; carne brunastra, con consistenza coriacea, suberosa, odore gradevolmente aromatico, sapore pepato amaro. Psp. brunastra. Fam *Bankeraceae*.

Habitat: nei boschi di conifere, in genere d'alta montagna, sotto il pecci e il pino; in terreni calcarei; raro, ma comunque uno degli *Hydnellum* più comuni.

Specie similari: tra le circa 16 specie di *Hydnellum* questa è l'unica a sapore pepato amaro. Anche l'*Hydnellum scrobiculatum* e altri pos sono secernere goccioline rossastre. Hanno sapor di farina. Gli Idni del genere *Phellodon* hanno odore di condimento per brodo e polver sporica bianca.

Nota: tutti gli Idni dei generi *Hydnellum* e *Phellodon* non sono comme stibili per la carne troppo coriacea.

G	F	M	A	M	G	L	A	S	O	N	D

Phellodon niger

1

2

Identi-Tris

1 Idno coriaceo, di colore nero

2 Carne nera antracite

3 Polvere sporale bianca

Caratteristiche: corpo fruttifero pileato e stipato, di colore nero in ogni sua parte, depresso al centro, margine più chiaro color cenere; superficie gibbosa, irregolare, fibrillosa; aculei bianco-grigiastri infine grigio-bruni, fitti, decorrenti lungo il gambo corto e nero; carne nera, con consistenza coriacea, suberosa, con zone brunastre; odore di preparato per brodo (Maggi) aromatico, sapore resinoso. Psp. bianca. Fam. *Bankeraceae.*

Habitat: terricolo in boschi misti ma anche in boschi di aghifoglia, si presenta spesso in brevi strisce. Comune anche in sud Italia.

Specie similari: *Phellodon melaleucus* presenta colori nerastri simili ma, con tonalità più chiare, giallo-bruno-nerastro e con pochissime zonature, la carne è inoltre è più omogenea, non si notano le zonature trasversali.

Nota: come tutte le specie di questo gruppo non è commestibile, per avere la carne troppo coriacea.

G	F	M	A	M	G	L	A	S	O	N	D

Pseudohydnum gelatinosum

Sinonimi: Tremellodon gelatinosum

1

Identi-Tris

1 Piccolo fungo lignicolo sessile

2 Lato inferiore del cappello con aculei traslucidi bianchi

3 Consistenza gelatinosa

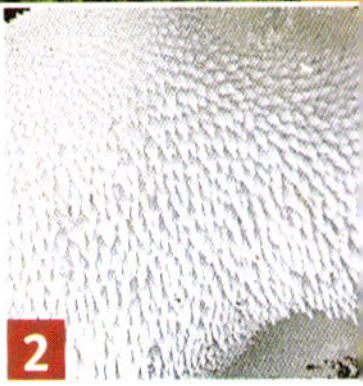

2

Caratteristiche: cappello 1-5 cm, a forma di lingua o mensoletta semicircolare, con punto di attacco al substrato rastremato a gambetto, traslucido-bianco (esiste anche la forma bruna), pellicola leggermente ruvida; lato inferiore ricoperto da aculei incolori, elastici; carne di consistenza molle-gelatinosa in tutto il carpoforo, da vecchia quasi deliquescente, che si restringe moltissimo per il secco, ma riacquista tutto il suo volume con l'umidità, senza particolare odore e sapore. Psp. bianca. Fam. *Tremellaceae*.

Habitat: su legno marcio molto degradato di conifera, più raramente di latifoglia, su ceppi muschiati e rami morti di peccio, pino, abete bianco o larice; comune in certe zone.

Specie similari: il *Pseudohydnum gelatinosum* è l'unico fungo con aculei tra i funghi tremelloidi e pertanto inconfondibile. Unicamente i cappelli giovani, che non hanno ancora sviluppato gli aculei potrebbero essere scambiati per esemplari bianchi del genere *Exidia*.

Commestibilità: commestibile; si può consumare crudo in insalata anche se non ha un gran sapore.

G	F	M	A	M	G	**L**	**A**	**S**	**O**	**N**	D

Clavariadelphus pistillaris

Sinonimi: Clavaria pistillaris
Nomi volgari: Mazza d'Ercole

Identi-Tris

1 Grosso fungo a forma di clava

2 Sommità non tronca

3 Sapore amaro

Caratteristiche: altezza carpoforo 6–15 cm, colore giallo citrino da giovane, poi da giallo-cuoio a bruno-ocra; forma dapprima cilindrica o slanciato-clavata, poi più o meno ingrossata verso l'alto e rastremata inferiormente, sommità sempre arrotondata, superficie spesso grinzoso-scanalata negli esemplari più vecchi. Tutta la parte superiore del carpoforo è ricoperta dallo strato imeniale. Carne biancastra, presto coriacea, sapore da amarognolo a nettamente amaro. Psp. biancastra. Fam. *Clavariaceae*.

Habitat: nei boschi di latifoglia, specialmente sotto i faggi in terreni calcarei; da solitario a gregario; localmente comune.

Specie similari: nonostante la grossa taglia questo fungo si mimetizza talmente bene tra il fogliame sul terreno, da venir spesso notato per puro caso. Il *Clavariadelphus truncatus* (commestibile, pag. 218) può raggiungere dimensioni analoghe, ma cresce sotto conifera. Ha un sapore dolciastro. Il più piccolo e non commestibile *Clavariadelphus ligula* cresce a gruppi nelle abetaie di montagna.

Nota: non è commestibile per la carne tenace e amara.

☐

G	F	M	A	M	G	L	A	S	O	N	D

Clavariadelphus truncatus

Sinonimi: Clavaria truncata

Identi-Tris

1. Fungo claviforme medio-grande
2. Sommità appiattita, tronca
3. Sapore dolciastro

Caratteristiche: carpoforo alto 5–15 cm, più o meno a forma di clava, già da giovane con apice tronco (nome), appiattito, successivamente persino allargato a piattaforma con margine debordante, parte inferiore rastremata verso la base, con rughe o scanalature longitudinali (superficie fertile), da ocra a grigio-lilacina, parte superiore da gialla a giallo-ocra-aranciata; carne biancastra, con sapore dolciastro. Psp. biancastra. Fam. *Clavariaceae*.

Habitat: nei boschi di conifere e misti, nelle abetaie montane; in terreni ricchi di humus, calcarei; relativamente raro.

Specie similari: gli esemplari nei primi stadi di sviluppo potrebbero essere presi per *Clavariadelphus pistillaris* (non commestibile, pag. 217), che però ha un sapore amaro.

Commestibilità: commestibile, non di altissimo pregio, buono nei misti.

G	F	M	A	M	G	L	A	S	O	N	D

Clavulina coralloides

Sinonimi: Clavulina cristata

1

2

Identi-Tris

1. Piccolo fungo a forma di corallo bianco
2. Ramuscoli con apici dentati
3. Polvere sporica bianca

Caratteristiche: altezza 2–5 cm, carpoforo all'inizio bianco candido, poi bianco sporco, con sfumature grigiastre o bruno-carnicine, in alcune varietà anche grigio pallido o color grigio-carne, ramificato a forma di corallo, ramuscoli convergenti in un tronco alla base, con apici appiattiti, tipicamente aperti a forma di mano, dentati; carne bianca, fragile senza particolare odore e sapore, talvolta amarognola. Psp. bianca. Fam. *Clavulinaceae*.

Habitat: nei boschi di latifoglie e conifere, in terreni ricchi di humus o su tronchi e ceppi molto degradati, muschiosi; comune.

Specie similari: le varietà a colorazione grigiastra possono essere facilmente scambiate per la *Clavulina cinerea*, che non presenta gli apici dei rami appiattiti. *Clavulina rugosa*, dal colore biancastro, ha un corpo fruttifero poco ramificato, più a forma di clava che di corallo. Tutte le varietà della specie non sono tossiche. Bisogna invece fare molta attenzione ad alcune specie simili di taglia maggiore, appartenenti al genere *Ramaria*, come ad es. la *Ramaria pallida* (velenosa, pag. 221).

Commestibilità: commestibile, ma di scarso valore.

G	F	M	A	M	G	L	A	S	O	N	D

Ramaria botrytis

Nomi volgari: Manina rossa

1

Identi-Tris

1. Ramaria di grossa taglia, senza tonalità gialle
2. Rami con apici rosso-brunastri
3. Carne marmorizzata nel tronco

2

Caratteristiche: altezza 5-15 cm, con ramificazioni coralliformi che fuoriescono da un robusto tronco centrale; tronco bianco-carnicino; rami con apici color rosso-brunastro vivo. Gli esemplari vecchi sbiadiscono notevolmente, perdendo la tipicità. Carne bianca, con marmorizzazioni acquose nel tronco, senza odore e sapore particolare, amarognola negli apici dei rami vecchi. Psp. ocracea. Fam. *Ramariaceae*.

Habitat: nei boschi di latifoglie e conifere, sotto l'abete o il faggio; prevalentemente in zone montane, su suolo calcareo; raro.

Specie similari: gli individui giovani sono facilmente riconoscibili dagli apici rosso-brunastri dei ramuscoli, che contrastano nettamente col tronco biancastro. Gli esemplari più vecchi e sbiaditi potrebbero essere scambiati per la velenosa *Ramaria pallida* (pag. 221), i cui rami da vecchi presentano rugosità longitudinali.

Commestibilità: commestibile da giovane; i rami da vecchi tendono a diventare amarognoli per cui vanno eliminati. Anche le Ramarie mangerecce possono provocare lievi disturbi intestinali nelle persone particolarmente sensibili.

G	F	M	A	M	G	L	A	S	O	N	D

Ramaria pallida

Sinonimi: Ramaria mairei
Nomi volgari: Ditola pallida

Identi-Tris

1. Ramaria di grossa taglia, a colorazione pallida
2. Punte dei rami da rosate a carnicine
3. Rami rugolosi da vecchi

Caratteristiche: carpoforo alto 5-15 cm, ramificato a forma di corallo, con tronco carnoso di colore pallido, privo di sfumature gialle, aranciate od ocracee in ogni stadio di sviluppo, da giovane completamente rosa-lilla pallido, poi con punte dei rami incarnato-lilacine e infine presto sbiadito in ogni parte; i rami vecchi presentano tipiche rugolosità longitudinali; carne priva di marmorizzazioni acquose nel tronco degli esemplari freschi, uniformemente biancastra (sezione), fragile, odore di cicoria tostata, sapore da dolce ad amarognolo. Psp. giallina. Fam. *Ramariaceae*.

Habitat: nei boschi di latifoglie e conifere, sotto gli abeti o i faggi, su suolo calcareo; comune, specialmente sulle Alpi.

Specie similari: le Ramarie vecchie in genere sono difficilmente classificabili senza l'ausilio del microscopio. La *Ramaria pallida* è la classica sosia della *Ramaria botrytis* (pag. 220).

Tossicità: da mezz'ora a tre ore dopo l'ingestione del fungo compaiono forti dolori addominali, vomito e diarrea. L'intossicazione si risolve senza postumi.

G	F	M	A	M	G	L	A	S	O	N	D

Ramaria flavescens

1

2

Identi-Tris

1 Grossa Ramaria, di colore tra il giallo uovo e il dorato

2 Punte dei rami mai rosa salmone

3 Carne marmorizzata nel tronco

Caratteristiche: carpoforo alto 10–20 cm, con tronco carnoso biancastro, rami verso l'estremità dapprima da giallo uovo a giallo arancio, in seguito uniformemente giallo-pallidescenti; carne bianca nel tronco, da fresca con marmorizzazioni acquose, odore fungino, con una nota di "chimico" (come in molte Ramarie di grossa taglia), sapore dolce. Psp. giallo-ocra. Fam. *Ramariaceae*.

Habitat: nei boschi montani di conifere e latifoglie, sotto i pecci, i pini o i faggi; predilige i suoli calcarei.

Specie similari: somiglianti ma non tossiche sono la *Ramaria aurea*, molto rara; la *Ramaria largentii*, diffusa in alta montagna; la *Ramaria sanguinea*, dal tronco che si macchia di rosso violetto e la gialla *Ramaria lutea*. La tossica *Ramaria formosa* ha la carne del tronco non marmorizzata, ramificazioni a forma di U e ramuli color salmone.

Commestibilità: commestibile da giovane, il fungo potrebbe diventare successivamente amarognolo ed eventualmente provocare una leggera diarrea se consumato. Il pericolo di scambiarlo con sosia tossici è elevato!

G	F	M	A	M	G	L	A	S	O	N	D

Ramaria stricta

Identi-Tris

1. Graziosa Ramaria di colore ocraceo
2. Rami rigidi, eretti
3. Fungo lignicolo

Caratteristiche: carpoforo alto 4–10 cm, slanciato, arborescente, senza tronco carnoso, colore da giallo-ocraceo a ocra-carnicino, che imbrunisce al tocco; rami tendenti al giallo chiaro verso gli apici, sottili ed eretti, fitti, riuniti a stelo nella parte inferiore, base spesso con piccole ife miceliari; carne da bianco sporco a color cuoio, relativamente elastica, odore insignificante, sapore amarognolo. Psp. ocraceo-chiara. Fam. *Ramariaceae.*

Habitat: nei boschi di latifoglia, più raramente di conifera; sotto i cespugli in parchi e giardini; su rami marcescenti e ceppi o altri detriti vegetali; comune.

Specie similari: di seguito alcune specie simili non commestibili, la cui carne non imbrunisce al tocco: *Ramaria flaccida*, esile fungo terricolo; *Ramaria eumorpha*, terricola dei boschi di conifere, dai rami meno ritti; *Ramaria abietina*, più rara, dalla carne che diventa verdastra al tocco. Una loro esatta classificazione è possibile solo con l'analisi microscopica o mediante l'impiego di particolari reagenti chimici.

Nota: non commestibile per via della carne amarognola e tenace.

G	F	M	A	M	G	L	A	S	O	N	D

Calocera viscosa

Sinonimi: Calocera flammea

Identi-Tris

1. Fungo di colore giallo-arancio, simile alle Ramarie (Clavarie)
2. Carpoforo poco ramificato ed elastico
3. Crescita su legno morto (spesso su ceppi marcescenti muschiosi)

Caratteristiche: carpoforo alto 3-6 cm, con poche ramificazioni a palco di cervo o riunite in cespi coralliformi, colore da giallo uovo a giallo-arancio vivo; ramuscoli con superficie viscosa (nome); carne gommosa, tenace, che seccandosi raggrinzisce scurendo verso il rosso-arancio e torna allo stato normale non appena viene bagnata, inodore e insapore. Psp. giallo-ocra. Fam. *Dacryomycetaceae*.

Habitat: su legno morto di conifera fortemente degradato; su ceppi muschiosi o rami marcescenti di peccio, abete bianco, pino o larice; molto comune.

Specie similari: spesso i fungaioli scambiano la *Calocera viscosa* per una *Ramaria*, di cui però non è parente stretta. I suoi ramuscoli infatti non convergono in un tronco centrale, ma sono solo "attaccati" tra loro. Anche la più minuta *Calocera cornea* ha un'analoga consistenza gommosa.

Nota: non commestibile per la carne gommosa.

G	F	M	A	M	G	L	A	S	O	N	D

Sparassis crispa

Sinonimi: Clavaria crispa – Helvella ramosa

Nomi volgari: Pinella – Fungo spugna

1

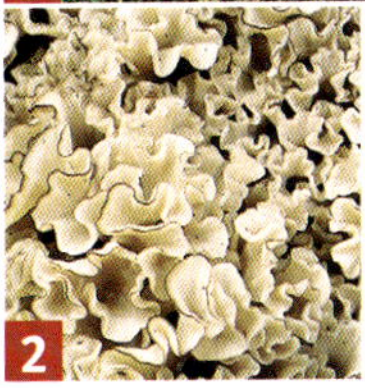

2

Identi-Tris

1 Fungo di grossa taglia a forma di spugna

2 Superficie increspata (nome)

3 Interno con molte cavità

Caratteristiche: carpoforo largo 10–40 cm, somigliante a una spugna, con ramificazioni carnose esterne ampie, piatte e increspate, ricco di cavità all'interno, riunite in un ceppo (gambo) radicante, color carnicino, giallognolo od ocraceo; carne biancastra, friabile, odore gradevolmente aromatico, sapore dolce. Psp. giallina. Fam. *Sparassidaceae*.

Habitat: nei boschi di conifere, alla base di pini, abeti o larici vivi, talvolta anche su ceppi; parassita delle radici; localmente comune.

Specie similari: la rara e commestibile *Sparasis brevipes* compare sulle radici dell'abete bianco, della quercia o del faggio. Ha gli elementi esterni disposti più ampiamente a ventaglio e ritti.

Commestibilità: commestibile di buona qualità e redditizio; sia nel sapore che nella consistenza della carne ricorda le morchelle. È consigliabile tagliare il fungo in più parti e lavarle accuratamente perché nelle sue cavità spesso si annidano insetti o lumache. Gli esemplari troppo vecchi assumono un sapore amarognolo.

G	F	M	A	M	G	L	A	S	O	N	D

Hericium coralloides

Sinonimi: Hericium clathroides

1

2

Identi-Tris

1. Grazioso fungo bianco a forma di corallo
2. Ramuscoli con aculei pendenti
3. Crescita su legno marcescente

Caratteristiche: carpoforo largo 10–30 cm, bianco-crema, tendente al giallo-ocraceo con l'età, dapprima quasi a forma di cuscino, successivamente sviluppantesi in sottili rami che gli conferiscono il tipico aspetto coralliforme (nome). Dai ramuscoli pendono a mo' di barba degli aculei sulla cui superficie si formano le spore. Carne bianca, presto giallina, relativamente elastica, con odore gradevolmente aromatico e sapore dolce. Psp. bianca. Fam. *Hericiaceae*.

Habitat: su tronchi o ceppi marcescenti di latifoglie, specialmente faggi, in boschi molto vecchi (zone protette ecc.); raro.

Specie similari: nelle abetaie montane cresce l'*Hericium flagellum*, che gli somiglia molto. L'*Hericium erinaceum*, che s'insedia su vecchie querce o faggi, presenta una forma più compatta e aculei più lunghi. Gli asiatici lo considerano un buon fungo mangereccio e addirittura lo coltivano, vendendolo al mercato col nome di »testa di scimmia«.

Commestibilità: commestibile, ma degno di tutela.

G	F	M	A	M	G	L	A	S	O	N	D

Lycoperdon perlatum

Sinonimi: Lycoperdon gemmatum
Nomi volgari: Vescia

1

2

3

Identi-Tris

1 Vescia a forma di pera rovesciata

2 Aculei chiari, fitti

3 Reticolo sotto gli aculei caduti

Caratteristiche: carpoforo alto 3-8 cm, a forma di bottiglia o pera rovesciata, colore prima biancastro, tendente al brunastro con la maturazione; superficie coperta da fitti aculei che si staccano facilmente. Il fungo maturo presenta un orifizio al centro della parte superiore, da cui fuoriesce la polvere sporale al minimo tocco. La parte del gambo, rastremata, è sterile e non produce polvere sporale. Gli aculei cadendo mettono a nudo un reticolo. Carne totalmente bianca da giovane, poi da giallastra a bruno-olivastra a partire dalla parte apicale, odore e sapore gradevolmente fungino. Psp. bruno-olivastra. Fam. *Lycoperdaceae*.

Habitat: nei boschi di latifoglie e conifere, gregario e terricolo; è il *Lycoperdon* (vescia) più conosciuto.

Specie similari: il sosia più comune è la commestibile *Calvatia excipuliformis* (pag. 230), di taglia maggiore. Il *Lycoperdon pyriforme* (non commestibile, pag. 228) cresce in gruppi su legno morto.

Commestibilità: commestibile da giovane, finché la gleba è bianca; poi la carne diventa troppo compatta. Togliere gli aculei dal corpo fruttifero prima della cottura.

G	F	M	A	M	G	L	A	S	O	N	D

Lycoperdon pyriforme

Nomi volgari: Fungo del diavolo

1

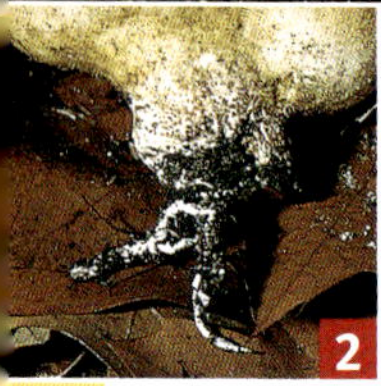

2

Identi-Tris

1 Vescia lignicola, cespitosa

2 Base del gambo con micelio a forma di radichette

3 Odore sgradevole, pungente

Caratteristiche: carpoforo alto 2-6 cm, a forma di pera rovesciata (nome), color bianco sporco, giallastro o brunastro, bruno-olivastro con la maturazione; superficie ruvido-squamosa (non aculeata!), presto glabra; base del gambo spesso con micelio rizomorfo biancastro. Il fungo maturo si conserva per lungo tempo ed espelle le spore mature attraverso attraverso un orifizio posto al centro della parte apicale. Carne completamente bianca da giovane, poi bruno-olivastra con la maturazione solo nella parte superiore della gleba, un po' tenace, odore sgradevole e pungente di gas illuminante. Psp. bruno-olivastra. Fam. *Lycoperdaceae*.

Habitat: su legno morto di latifoglia e conifera, su tronchi o ceppi marcescenti, anche su suolo soffice, ricco di detriti legnosi; solitamente in gruppi numerosi, comune.

Specie similari: il *Lycoperdon nigrescens* (terricolo, non tossico) emana un odore sgradevole analogo, ma si presenta nettamente aculeato. Il conosciutissimo *Lycoperdon perlatum* (pag. 227) ha un odore gradevole ed è commestibile.

Nota: la specie non è mangereccia per l'odore sgradevole e la tenacia della carne.

G	F	M	A	M	G	L	A	S	O	N	D

Lycoperdon echinatum

Identi-Tris

1 Vescia terricola brunastra

2 Aculei molto pronunciati

3 Reticolo scuro sotto gli aculei caduti

Caratteristiche: carpoforo alto 2–6 cm, da globoso a forma di pera rovesciata, con base rastremata (gambo), corta, brunastro fin da giovane; superficie esterna ricoperta da aculei ricurvi riuniti a tre lunghi sino a 5 mm, che dopo la caduta lasciano un reticolo scuro sull'esoperidio. I funghi maturi al tocco emettono sbuffi di polvere sporale da una piccola apertura sulla sommità del corpo fruttifero. Carne biancastra da giovane, poi giallastra, infine bruno-porpora per la maturazione delle spore nella gleba, odore e sapore gradevolmente fungino. Psp. bruno-porpora. Fam. *Lycoperdaceae*.

Habitat: nei boschi di latifoglia, soprattutto nei faggeti e in terreno calcareo; terricolo, raramente su legno molto degradato; localmente comune.

Specie similari: il *Lycoperdon umbrinum*, commestibile, cresce preferibilmente sotto conifera in terreno acido. I suoi aculei sono appena più lunghi di un millimetro e cadendo non mettono a nudo un reticolo ben definito.

Commestibilità: commestibile da giovane, finché la gleba si presenta di color chiaro e soda; fungo da cuocere arrosto, dopo averne eliminato gli aculei.

G	F	M	A	M	G	L	A	S	O	N	D

Calvatia excipuliformis

Sinonimi: Lycoperdon saccatum

Identi-Tris

1 Vescia boschiva medio-grande

2 Aculei compositi

3 La testa matura che si dissolve progressivamente

Caratteristiche: carpoforo alto 8–15 cm, di solito pistilliforme, con parte superiore (testa) allargata e tondeggiante, ma anche a forma di sacco, senza parte inferiore (gambo) più stretta, colore da bianco sporco a grigio chiaro, brunastro con la maturazione; superficie coperta da granulazioni o minuti aculei, che sono sempre composti da più parti. Nel fungo maturo, contrariamente a quanto accade nelle altre specie del genere *Lycoperdon*, la testa, contenente la parte fertile della gleba, a poco a poco si dissolve, spargendo così le spore. Carne dapprima bianca, poi da giallastra a bruno-olivastra, odore e sapore gradevolmente fungino. Psp. bruno-olivastra. Fam. *Lycoperdaceae*.

Habitat: nei boschi di latifoglie e misti, senza particolari esigenze in fatto di terreno; comune.

Specie similari: questo fungo assume svariate forme. La forma normale, che ricorda un pistillo, si può confondere con il *Lycoperdon perlatum* (commestibile, pag. 227). Gli esemplari a forma di sacco somigliano alla *Calvatia utriformis*, che cresce su prati e pascoli.

Commestibilità: commestibile da giovane, finché la gleba si presenta bianca.

G	F	M	A	M	G	L	A	S	O	N	D

Vascellum pratense

Identi-Tris

1. Fungo prativo di colore chiaro
2. Superficie da farinosa a finemente aculeata
3. Testa ben separata dal gambo (sezione)

Caratteristiche: carpoforo 2-5 cm, a forma di pera o trottola, con parte inferiore (sterile) attenuata a mo' di gambo, colore da bianco a giallo-crema, bruno-olivastro da maturo; superficie ricoperta da finissimi aculei o farinosa, presto liscia. La gleba, contenuta nella testa, maturando si trasforma in una massa sporale di color brunastro che fuoriesce sotto forma di polvere da un opercolo posto al centro della sommità del fungo (come nei *Lycoperdon*). La testa fertile (gleba) e la parte inferiore sterile (subgleba) sono nettamente separate da uno spesso strato di cellule (vedi sezione). Dato che la massa sporale prodotta è relativamente scarsa, spesso la parte superiore si presenta depressa. Carne bianca da giovane, poi da gialla a bruno-olivastra, odore e sapore gradevolmente fungino. Psp. bruno-olivastra. Fam. *Lycoperdaceae*.

Habitat: margini erbosi di boschi, pascoli, prati coltivati, giardini e zone verdi; comune.

Specie similari: la *Bovista plumbea* (commestibile, pag. 233), che compare negli stessi luoghi di crescita, non ha la superficie aculeata.

Commestibilità: commestibile da giovane, finché la carne è bianca; buono cotto alla piastra.

G	F	M	A	M	G	L	A	S	O	N	D

Langermannia gigantea

Sinonimi: Lycoperdon maximum – Calvatia gigantea

Nomi volgari: Vescia gigante

Identi-Tris

1. Vescia bianca di grandi dimensioni
2. Fungo maturo da bruno-oliva a color ruggine
3. Esoperidio lacerato da vecchio

Caratteristiche: carpoforo 20-60 cm, più o meno tondeggiante, senza gambo, bianco, imbrunente con la maturità; superficie liscia. L'intero fungo è rivestito da un sottile strato di cellule (peridio) che si lacera staccandosi a maturità. La gleba sottostante, trasformatasi in massa sporale, si disperde nell'ambiente circostante a opera degli agenti atmosferici, sino alla completa dissoluzione del corpo fruttifero. Carne bianca e soda da giovane, poi sempre meno compatta, dapprima giallastra, tendente infine al color ruggine; odore e sapore poco pronunciati, un tantino sgradevoli negli esemplari vecchi. Psp. bruno-olivastra. Fam. *Lycoperdaceae*.

Habitat: nelle radure dei boschi di latifoglia, sotto i cespugli in parchi e giardini, su prati concimati; ama i terreni ricchi di azoto; relativamente raro.

Specie similari: l'identificazione di questo micete non presenta problemi. Gli esemplari più giovani, grandi quanto un pugno, si riconoscono dalla superficie liscia.

Commestibilità: commestibile mediocre da giovane. La carne bianca è un po' tenace e deve venire ben condita. Si può tagliare il fungo a fette e friggerlo (impanato o meno). Lo si può anche congelare.

G	F	M	A	M	G	L	A	S	O	N	D

Bovista plumbea

Identi-Tris

1. Piccola vescia tipica dei luoghi erbosi
2. Esoperidio fragile, che si stacca da maturo
3. Esemplari maturi grigio piombo

Caratteristiche: carpoforo 1-4 cm, tondeggiante, senza gambo, bianco, grigio piombo nell'esemplare maturo; involucro esterno in genere liscio, spesso circa 1 mm, che si rompe come la buccia di un uovo a maturazione. Lo strato sottostante grigio piombo che viene messo a nudo mostra un opercolo alla sommità, da cui si disperdono le spore. Gleba bianca, bruno cioccolato da matura, quando è completamente trasformata in massa sporica (spore e bambagia fibrosa); odore e sapore quasi assenti. Psp. brunastra. Fam. *Lycoperdaceae*.

Habitat: in luoghi erbosi, ai margini delle strade, in pascoli, prati coltivati, parchi e giardini; comune, ubiquitario.

Specie similari: la poco più grande *Bovista nigriscens*, commestibile da giovane, cresce di preferenza in habitat montano ed alpino. Gli esemplari maturi non hanno color grigio piombo, ma da bruno scuro a nerastro.

Commestibilità: commestibile da giovane, finché la gleba si presenta bianca e soda.

G	F	M	A	M	G	L	A	S	O	N	D

Geastrum triplex

Identi-Tris

1 Fungo aperto a forma di stella

2 Endoperidio con collare

3 Esemplari giovani simili a cipolle

Caratteristiche: carpoforo (aperto) 4-10 cm, da giovane molto simile a una cipolla che spunta parzialmente dal terreno, aprentesi poi a partire dalla sommità in 5-6 segmenti (lacinie), fino ad assumere forma di stella, con sacco sporale (endoperidio) rialzato; colore da beige chiaro a bruno-carnicino. Le lacinie sono fragili e spesso rompendosi lasciano un collare attorno all'endoperidio; le spore mature fuoriescono da un opercolo sulla sommità dello stesso. Psp. bruno scura. Fam. *Geastraceae*.

Habitat: nei boschi di latifoglia e misti, sotto i cespugli in giardini e zone verdi, spesso nascosto tra le foglie cadute; relativamente raro, ma comunque uno dei *Geaster* localmente più diffusi.

Specie similari: il più piccolo *Geastrum fimbriatum* (pag. 235) compare prevalentemente nelle abetaie e non presenta, analogamente al *Geastrum rufescens*, alcun collare. Il *Geastrum striatum* è una specie più rara e minuta, il cui globo sporifero si prolunga a colletto verso il basso.

Nota: senza valore commestibile, per via dell'odore e sapore che ricorda l'olio di pesce. Fungo particolare, degno di tutela.

G	F	M	A	M	G	L	A	S	O	N	D

Geastrum fimbriatum

Sinonimi: Geastrum sessile

Identi-Tris

1. Piccolo geastro molto segmentato
2. Peristoma (orifizio sporale) sfrangiato-ciliato
3. Endoperidio senza gambo

Caratteristiche: carpoforo (aperto) 2–5 cm, da giovane a forma di sfera giacente nel terreno, che poi si apre a stella a partire dalla sommità, formando 5–10 lacinie spesso diseguali; sacco sporale (endoperidio) senza gambo, che a maturità rilascia le spore da un opercolo sommitale (peristoma) sfrangiato-ciliato; colore di solito beige chiaro. Psp. bruno chiaro. Fam. *Geastraceae*.

Habitat: nei boschi di latifoglie e conifere, in particolare nelle abetaie; senza specifiche esigenze in fatto di terreno; relativamente raro, tuttavia quasi ubiquitario.

Specie similari: gli esemplari giovani del *Geastrum triplex* (pag. 234), che ancora non presentano il tipico collare, o anche il *Geastrum rufescens* possono avere un aspetto assai simile, ma sono di taglia maggiore e hanno meno lacinie. Anche il *Geastrum pectinatum* predilige le abetaie; il suo sacco sporale (endoperidio) ha però un gambo e la parte inferiore solitamente con rugolosità radiali. Il peristoma sommitale si apre all'interno di una bocchetta conica striata.

Nota: la specie non è mangereccia e si presta alla sola fruizione estetica, come tutti i geastri.

G	F	M	A	M	G	L	A	S	O	N	D

Scleroderma citrinum

Sinonimi: Scleroderma vulgare - Scleroderma aurantium

1

2

1 Grosso fungo a forma di tubero

2 Gleba grigio ardesia già da giovane

3 Penetrante odore metallico

Identi-Tris

Caratteristiche: carpoforo 5-10 cm, tondeggiante-tuberiforme, di solito privo di gambo, color beige chiaro, da giallastro a bruno-ocraceo, con largo e irregolare opercolo apicale a maturazione, da cui al tocco fuoriescono sbuffi di polvere sporica bruno-olivastra; superficie da grossolanamente areolata a scagliosa; gleba soda e pesante, al taglio color grigio ardesia sin da giovane (in seguito si trasformerà in massa sporica brunastra), rivestita da uno spesso esoperidio biancastro, odore sgradevole, fortemente metallico. Psp. brunastra. Fam. *Sclerodermataceae*.

Habitat: nei boschi di latifoglie e conifere, predilige i suoli acidi e persino paludosi; localmente assai comune.

Specie similari: lo *Scleroderma citrinum* è il classico sosia velenoso delle vesce a carne bianca da giovani. Lo *Scleroderma verrucosum* presenta un esoperidio più sottile e la base del carpoforo bitorzoluta, con un fitto fascio radicante di ife miceliari.

Tossicità: il consumo di questo fungo provoca malessere, vomito e svenimenti da mezz'ora a 3 ore dopo l'ingestione.

G	F	M	A	M	G	L	A	S	O	N	D

Phallus impudicus

Nomi volgari: Satirione – Uovo del diavolo

Identi-Tris

1 Fungo di grossa taglia a forma di fallo

2 Esemplari giovani chiusi a uovo da una volva mucillaginosa

3 Odore repellente di carogna

Caratteristiche: carpoforo maturo alto 10–20 cm; il gambo biancastro e poroso si erige da una volva che chiude a uovo il fungo giovane; alla sommità porta un cappello (gleba) a forma di ditale, ricoperto da una massa sporica verde-olivastra, emanante fetore di carogna. L'uovo del diavolo, alto 4–6 cm, è avvolto da una volva mucillaginosa, che resta alla base del gambo a fungo eretto. Nel fungo giovane ancora chiuso il corpo fruttifero è già completamente pronto per lo sviluppo successivo. Al momento della maturazione esso si distende sino alle dimensioni definitive in poche ore. Il fetore di carogna attira insetti, che provvedono alla diffusione delle spore. Fam. *Phallaceae.*

Habitat: nei boschi di latifoglie e conifere, in zone verdi e giardini, in ogni tipo di terreno; ubiquitario e comune.

Specie similari: gli somiglia parecchio il più raro *Phallus hadriani,* avvolto da una volva rosso ciclamino nello stadio giovane.

Commestibilità: il fungo adulto non è commestibile per l'odore estremamente sgradevole. L'uovo del diavolo ancor chiuso ha un odore e sapore di ravanello e può venire consumato sia crudo che fritto dopo averlo privato della volva.

G	F	M	A	M	G	L	A	S	O	N	D

Mutinus caninus

Nomi volgari: Fallo di cane

1

Identi-Tris

1. Fungo a forma di verga, non più grosso di un dito
2. Esemplari giovani chiusi simili a uova di piccione
3. Odore poco pronunciato, che ricorda gli escrementi di gatto

2

Caratteristiche: carpoforo alto 5–10 cm, a forma di verga nel pieno sviluppo, da giallastro a aranciato, cappello inizialmente verdastro per la massa sporica della gleba, poi progressivamente rosso arancio vivo man mano che affiora la superficie sottostante; odore relativamente poco pronunciato, che ricorda gli escrementi di gatto. La forma giovane, analogamente al *Phallus impudicus*, è un uovo bianco chiuso da una volva mucillaginosa, della grandezza d'un uovo di piccione. L'odore della massa sporica matura attrae degli insetti, che provvedono a diffondere le spore. Fam. *Phallaceae*.

Habitat: nei boschi di latifoglie e misti, nel terreno o accanto a ceppi molto degradati; a gruppi, anche molto numerosi.

Specie similari: il raro *Mutinus ravenellii* esteriormente si presenta identico. Ha però un odore molto più intenso di carogna ed escrementi. Nelle estati umide è possibile incontrare questo sosia in parchi e giardini. Il fungo viene mangiato volentieri dai cani, a dispetto del suo fetore.

Nota: pur non essendo velenoso, questo micete non è commestibile per via dell'odore sgradevole.

G	F	M	A	M	G	L	A	S	O	N	D

Morchella esculenta

Sinonimi: Morchella rotunda - Morchella vulgaris

Nomi volgari: Spugnola - Spugnola gialla

Identi-Tris

1. Fungo primaverile con cappello alveolato
2. Costolature alveolari irregolari
3. Carpoforo completamente cavo

Caratteristiche: carpoforo alto 3-12 cm, con cappello (mitra) e gambo nettamente distinti; cappello in genere beige, ocraceo o grigio-ocra, più raramente quasi bruno-nerastro, da globoso a ovale, con struttura esterna alveolata, costolature pronunciate disposte irregolarmente; gambo da biancastro a giallo-crema, con superficie rugolosa verso il basso. L'intero corpo fruttifero è fortemente cavo. Carne fragile, piacevolmente aromatica. Psp. color crema. Fam. *Morchellaceae*.

Habitat: nei boschi di latifoglie e misti, lungo le rive dei corsi d'acqua, in prati non concimati, parchi e giardini; in prevalenza su suolo calcareo e sabbioso; fungo tipicamente primaverile, relativamente comune, la cui comparsa annuale è legata alle condizioni meteorologiche.

Specie similari: la commestibile *Morchella conica* (pag. 240) presenta delle coste alveolari disposte su linee verticali e un colore del cappello solitamente più scuro.

Commestibilità: ottimo fungo commestibile; si può usare sia fresco che essiccato. Gli esemplari troppo vecchi possono dar luogo a disturbi digestivi.

G	F	M	A	M	G	L	A	S	O	N	D

Morchella conica

Sinonimi: Morchella elata

1 Fungo primaverile con cappello alveolato

2 Costolature longitudinali parallele

3 Parte inferiore del cappello adnata al gambo

Identi-Tris

Caratteristiche: 4-15 cm, cappello nettamente differenziato dal gambo; cappello grigio-beige, da olivastro a bruno scuro, in genere tipicamente conico (dal nome della specie), ma anche da ovale a tondeggiante, struttura esterna ad alveoli con costolature verticali parallele; gambo bianco sporco, coperto da granulazioni forforacee; tutto il corpo fruttifero è cavo; carne fragile, con gradevole aroma di morchella, che con l'età tende a sapere di muffa. Psp. color crema. Fam. *Morchellaceae*.

Habitat: nei boschi di latifoglie e conifere, lungo le rive dei corsi d'acqua, in parchi e giardini, discariche, ultimamente anche su pacciame di cortecce sparso; ubiquitario; relativamente comune, questo fungo spesso passa inosservato e non compare ogni anno.

Specie similari: la *Morchella esculenta* (pag. 239) possiede alveoli del cappello irregolari e solitamente una colorazione più chiara. Nella *Morchella gigas* (pag. 241) il margine del cappello non è adnato al gambo. Non è altrettanto saporita.

Commestibilità: buon commestibile, aromatico, a livello della *Morchella esculenta*; si presta all'essiccazione.

G	F	M	A	M	G	L	A	S	O	N	D

Morchella gigas

inonimi: Morchella semilibera - Mitrophora rimosipes - Mitrophora hybrida

1

2

3

Identi-Tris

1 Morchella dal cappello piccolo

2 Costolature longitudinali parallele

3 Cappello libero al gambo

Caratteristiche: carpoforo alto 5-20 cm, con gambo allungato e cappello a forma di cappuccio; cappello alto 2-4 cm, bruno-olivastro scuro, con costolature alveolari parallele disposte verticalmente, libero al gambo per un terzo e più della sua altezza; gambo da biancastro a giallo-crema, con superficie appiccicosa. Sia il cappello che il gambo sono cavi; le due cavità sono collegate tra loro. Carne fragile, un po' tenace, odore tipico di morchella con lieve sentore di terra. Psp. color crema. Fam. *Morchellaceae*.

Habitat: nei boschi umidi di latifoglia e misti, sotto i cespugli in parchi e giardini; relativamente comune. È la più diffusa tra le morchelle e compare solitamente verso la fine del periodo di crescita delle sue simili primaverili.

Specie similari: gli esemplari dal gambo corto potrebbero venire scambiati per la commestibile *Morchella conica* (pag. 240). Si guardi bene se il cappello è libero al gambo. Le Verpe hanno cappelli campanulati analoghi, ma sempre adnati al gambo.

Commestibilità: commestibile mediocre, dalla carne un po' tenace.

G	F	M	A	M	G	L	A	S	O	N	D

Gyromitra esculenta

Nomi volgari: Spugnola falsa

Identi-Tris

1. Elvella bruno-rossiccia, grande quanto un pugno
2. Costolature del cappello irregolari e sinuose
3. Crescita sotto conifera

Caratteristiche: cappello 3–8 cm, bruno-rossiccio più o meno scuro, all'esterno con costolature irregolari e sinuose (ricordano le circonvoluzioni del cervello), con moltissime cavità all'interno; gambo biancastro, spesso con riflessi lilla chiari, più corto del diametro del cappello, irregolarmente cavo, con superficie gibboso-rugolosa; carne biancastra, fragile nel cappello, odore gradevolmente aromatico. Psp. biancastra. Fam. *Helvellaceae*.

Habitat: nei boschi di conifere, sotto i pini in terreno sabbioso; fungo precoce, appare prima delle Morchelle; localmente comune.

Specie similari: le Morchelle mangerecce (da pag. 239) si differenziano per i cappelli alveolati, simili a favi. La *Gyromitra infula*, che compare ad autunno inoltrato e la *Gyromitra gigas* sono specie simili di cui si sconsiglia il consumo.

Tossicità: la giromitrina contenuta nel fungo è una sostanza tossica solubile in acqua. I primi sintomi compaiono 4–8 ore dopo l'ingestione (malessere, coliche addominali e diarrea con vomito). In seguito vengono attaccati fegato e reni, in casi estremi con esito mortale. Anche dopo ripetute cotture le elvelle possono ancora dar luogo a reazioni allergiche dovute ad alterazioni ematiche.

G	F	M	A	M	G	L	A	S	O	N	D

Helvella crispa

Sinonimi: Helvella pithyophila

Nomi volgari: Spugnola d'autunno

Identi-Tris

1. Elvella chiara medio-grande
2. Cappello irregolarmente increspato-lobato
3. Gambo bianco con costolature longitudinali

Caratteristiche: altezza 6–15 cm, cappello solitamente chiaro, color crema, da grigiastro a ocra pallido, raramente brunastro, composto da lobi irregolari increspati; gambo bianco o biancastro, in genere più lungo del cappello, profondamente solcato, esternamente percorso da costolature longitudinali a spigolo vivo; carne fragile, un po' tenace nel gambo, odore dapprima gradevolmente aromatico, poi spesso dolciastro. Psp. biancastra. Fam. *Helvellaceae*.

Habitat: nei boschi di latifoglia, più raramente sotto conifera; senza particolari esigenze in fatto di terreno; ubiquitario abbastanza comune.

Specie similari: questo micete, per l'estrema variabilità delle forme in cui si presenta, è stato a torto suddiviso in svariate specie. La *Helvella lacunosa* (commestibile, pag. 244) si distingue facilmente per il colore grigio-nerastro del suo cappello. La *Helvella elastica*, non commestibile, è più piccola e presenta un gambo liscio e più sottile.

Commestibilità: commestibile da giovane; un tantino coriaceo, andrebbe sbollentato prima della cottura finale al fine di migliorarne il sapore. Gli esemplari troppo vecchi possono provocare disturbi digestivi.

G	F	M	A	M	G	L	A	S	O	N	D

Helvella lacunosa

Sinonimi: Helvella sulcata

Identi-Tris

1. Elvella medio-grande dal cappello scuro
2. Cappello spesso a forma di sella
3. Gambo costolato, non bianco, ma da grigio a brunastro

Caratteristiche: altezza 3-10 cm, cappello da grigio ardesia a nerastro, più raramente grigio chiaro, irregolarmente lobato o a forma di sella; gambo bianco sporco, in genere però grigio o bruno chiaro, con costolature e molte cavità, lungo quanto o più del cappello; carne biancastra, fragile nel cappello, altrimenti un po' tenace, odore aromatico solo da giovane, poi con sentore di muffa. Psp. biancastra. Fam. *Helvellaceae*.

Habitat: nei boschi di latifoglia e misti, parchi, giardini o cimiteri; in ogni tipo di terreno, non raro.

Specie similari: gli esemplari dal cappello grigio pallido potrebbero venire scambiati per la *Helvella crispa* (pag. 243), che però ha il gambo di color biancastro. Il gambo chiaro della rara *Helvella spadicea* non presenta costolature. La *Helvella solitaria* (non commestibile) somiglia più a una *Acetabula* (fungo a forma di coppa) con lungo gambo.

Commestibilità: commestibile da giovane, ma non di particolare pregio; conviene sbollentarlo preventivamente.

G	F	M	A	M	G	L	A	S	O	N	D

Sarcosphaera coronaria

Sinonimi: Sarcosphaera crassa – S. eximia

Identi-Tris

1 Pezizacea medio-grande dai colori violacei

2 Carpoforo giovane a forma di sfera cava

3 Sfera aperta a corona da matura

Caratteristiche: carpoforo largo 3-10 cm, da giovane costituito da una sfera seminterrata, aprentesi poi a forma di stella a partire dall'apice, per assumere infine l'aspetto di una corona a punte triangolari; superficie interna violacea, più raramente brunastra o incolore; esterno biancastro, talvolta lilla pallido, con resti di terriccio attaccati. Carne incolore, fragile, a consistenza ceracea, insapore e inodore. Psp. bianca. Fam. *Pezizaceae.*

Habitat: nei boschi di conifere, più raramente di latifoglie, sotto pini, abeti o faggi; in terreni calcarei; localmente non raro e fedele al luogo di crescita, dove compare in gruppi.

Specie similari: questo micete ha un aspetto che lo rende praticamente inconfondibile. Altre specie violacee del genere *Peziza* crescono sopra terra e non si aprono a corona. La rara *Geopora sumneriana* cresce sotto i cedri e non ha mai l'interno violaceo.

Tossicità: velenoso da crudo; provoca vomito e diarrea.

G	F	M	A	M	G	L	A	S	O	N	D

Disciotis venosa

Sinonimi: Discina venosa

1

Identi-Tris

1. Pezizacea brunastra di grossa taglia
2. Interno rugoso o con venature
3. Odore di cloro

2

Caratteristiche: carpoforo largo 5–15 cm, più o meno concavo, con una sorta di gambo molto corto al centro; all'interno da ocraceo a bruno, rugoso-venato soprattutto al centro; superficie esterna biancastra, farinosa, margine a lungo leggermente involuto verso l'interno; carne incolore, fragile, con netto odore di cloro. Psp. bianca. Fam. *Morchellaceae.*

Habitat: nei boschi di latifoglia e misti, soprattutto sotto i cespugli, nei boschi ripali, in superfici disboscate, nei luoghi di crescita delle Morchelle; ama i terreni calcarei e argillosi; localmente comune, talvolta compare in massa.

Specie similari: dal punto di vista della parentela il micete è una Morchella con aspetto di Peziza. La Peziza varia cresce spesso su legno marcescente di latifoglie. Sui ceppi e sulle radici delle conifere a primavera compare la *Gyromitra ancilis*, imparentata con le Elvelle. Entrambe le specie odorano di cloro e non sono tossiche.

Commestibilità: commestibile di buona qualità, paragonabile alle Morchelle. L'odore di cloro svanisce con la cottura.

G	F	M	A	M	G	L	A	S	O	N	D

Peziza succosa

Identi-Tris

1. Pezizacea terricola di piccola taglia
2. Secerne un latice giallastro
3. Lato esterno spesso più chiaro di quello interno

Caratteristiche: carpoforo 1-6 cm, a forma di coppa, tazza o scodella, poggiante sul terreno senza gambo (sessile); interno solitamente da giallo-brunastro a bruno-olivastro, ma anche color fuliggine, superficie semiopaca, liscia o rugosa, ingiallente alla lesione; superficie esterna spesso più chiara di quella interna, liscia o farinosa; carne incolore, secernente del latice giallo zolfo alla frattura o al taglio, inodore e insapore. Psp. bianca. Fam. *Pezizaceae*.

Habitat: nei boschi di latifoglie e conifere, nei prati umidi, in particolare su suoli argillosi o calcarei; poco frequente, spesso passa inosservata.

Specie similari: questo fungo rappresenta qui un genere ricco di specie simili. Il latice che secerne alla lesione lo caratterizza molto bene. *Peziza michelii* possiede un lattice acquoso limpido, che ingiallisce solo al contatto con l'aria. La diffusa *Peziza badia* non ingiallisce in nessuna parte del carpoforo.

Nota: le Pezize non hanno valore commestibile per via delle loro modeste dimensioni. Alcune specie consumate crude in insalata hanno provocato disturbi gastrici.

G	F	M	A	M	G	L	A	S	O	N	D

Aleuria aurantia

Sinonimi: Peziza aurantia – Peziza coccinea
Nomi volgari: Orecchiette – Peziza aranciata

Identi-Tris

1. Peziza di grossa taglia, di color rosso-arancio vivo
2. Lato esterno farinoso
3. Luoghi di crescita aperti, argillosi

Caratteristiche: carpoforo 5-10 cm, a forma di coppa, tazza o scodella, sessile, spesso ondulato o spianato per spazio di crescita angusto, anche con margine inciso da un taglio; lato interno da arancio a rosso arancio vivo; lato esterno da concolore a nettamente più chiaro a seconda del grado di umidità, leggermente farinoso; carne sottile, a consistenza ceracea, inodore e insapore. Psp. bianca. Fam. *Humariaceae*.

Habitat: nei boschi di latifoglie e di conifere, preferibilmente sulla nuda terra, nelle radure, lungo le scarpate, su strade ghiaiose; predilige i terreni argillosi basici; gregario, comune.

Specie similari: questa specie è sufficientemente caraterizzata sia dalla taglia che dal colore e dal luogo di crescita. *Melastiza chateri* è più piccola e presenta una sottile peluria scura sul margine del cappello (lente). I più rari miceti del genere *Sarcoscypha* crescono in primavera su rametti caduti. Nessuna delle specie citate ha valore commestibile.

Commestibilità: commestibile, anche se poco carnoso; si può mangiare in insalata dopo averlo sbollentato.

G	F	M	A	M	G	L	A	S	O	N	D

Otidea onotica

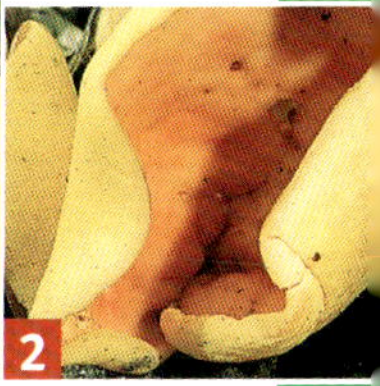

Identi-Tris

1. Fungo giallo ocra a forma di orecchietta
2. Lato interno spesso con tonalità rosate
3. Carpoforo attenuato alla base a mo' di gambo

Caratteristiche: carpoforo alto 5-10 cm, a forma di orecchietta eretta, profondamente intagliato da un lato, base attenuata a formare una specie di gambo, un po' rugosa; lato interno giallo-ocra, da giovane spesso con tonalità rosate; lato esterno da giallo citrino a giallo uovo o rosso-ocraceo, con superficie da liscia a ondulato-scrobicolata. Gli esemplari più vecchi possono presentare i due lati concolori. Carne sottile, abbastanza elastica e più consistente che nelle specie precedenti, odore e sapore poco pronunciato ma gradevole. Psp. bianca. Fam. *Pezizaceae*.

Habitat: nei boschi di latifoglie e conifere, più frequentemente sotto le prime; senza particolari esigenze in fatto di terreno; cresce in gruppi numerosi, diffuso.

Specie similari: questo micete è il maggior rappresentante del suo genere e si caratterizza per le sfumature rosate del lato interno negli esemplari giovani. La rara *Otidea concinna*, che cresce in ambiente montano, presenta un lato interno ed esterno giallo citrino e raggiunge un'altezza di circa 4 cm.

Commestibilità: commestibile dal buon sapore. Data la sua scarsissima carnosità non è però popolare come fungo mangereccio.

G	F	M	A	M	G	L	A	S	O	N	D

Indice nomi latini

NOTA

Le indicazioni sulla commestibilità dei funghi presentati in questo volume si basano sia su consocenze ben consolidate, che sulle più recenti acquisizioni in materia. Chi consuma funghi però si assume tutte le responsabilità relative ai rischi che ciò comporta, perché sia l'Autore che l'Editore non possono conoscere né le eventuali intolleranze a determinate specie, né le abitudini di raccolta di ciascuno. In generale però si sconsiglia assolutamente di consumare funghi troppo vecchi, e in particolare funghi crudi. L'attributo »commestibile« si riferisce sempre al fungo cotto, ossia portato ad alta temperatura nei vari modi suggeriti dalla gastronomia, quando non indicato altrimenti.

Avvertenze:
Il presente libro è stato realizzato con la massima cura. Ciò nonostante tutti i dati e le informazioni contenute sono da considerarsi meramente indicativi. L'autore e l'editore pertanto non si assumono alcuna responsabilità per eventuali svantaggi o danni derivanti da un loro eventuale utilizzo.

Edizione originale in lingua tedesca: TopGuideNatur: Pilze

Riferimenti fotografici

Erwin Gerhardt: 209/2+3
Ernst Schälow: 227/3
Ewald Gerhardt: 4
Claudio Rossi: copertina, 27, 32, 37/1, 46, 61, 63/1, 66, 79, 89, 90, 91, 94, 101, 102, 114, 115, 121, 125, 126, 137, 138, 139, 141, 147, 150, 154, 164, 165, 167, 168, 169, 171, 176, 185, 187/1, 188, 194, 199, 215
Tutte le altre foto e illustrazioni dell'autore.

Traduzione in lingua italiana: Cristina Ferrarese
Revisione ed integrazione scientifica dell'edizione italiana: Claudio Rossi

Layout: Parzhuber + Partner, Monaco
Layout di copertina: Tappeiner SpA, Lana (BZ)
Printed in Italy

ISBN 978-88-7073-407-2

www.tappeiner.it